高等职业院校精品教材系列

基于 Protel DXP 2004 SP2
电子 CAD 设计（第 2 版）

王万刚　邵有为　主　编

彭　勇　张建碧　王勇军　副主编

电子工业出版社

Publishing House of Electronics Industry

北京·BEIJING

内 容 简 介

本书在第 1 版得到全国广大院校使用的基础上，结合行业技术发展和该课程改革成果，在充分听取院校师生和有关专家意见后进行修订编写。全书共 8 章，注重电路设计方法和实践技能培养，其中第 1 章介绍 Protel DXP 2004 SP2 基础知识；第 2～5 章介绍原理图的设计、原理图编辑技巧、层次原理图的设计、创建原理图元件；第 6～8 章介绍 PCB 设计基础、印制电路板的设计、创建 PCB 元件封装；最后设有综合实训及计算机辅助设计高级绘图员技能鉴定试题（电子类 DXP 高级）等。本书具有很强的实用性和可操作性，非常方便开展高效率教学。

本书为高等职业本专科院校电子 CAD 课程的教材，也可作为开放大学、成人教育、自学考试、中职学校和培训班的教材，以及电子工程技术人员的参考工具书。

本教材配有电子教学课件、习题参考答案等，详见前言。

未经许可，不得以任何方式复制或抄袭本书之部分或全部内容。

版权所有，侵权必究。

图书在版编目（CIP）数据

基于 Protel DXP 2004 SP2 电子 CAD 设计/王万刚，邵有为主编. —2 版. —北京：电子工业出版社，2016.8（2025.1 重印）
高等职业院校精品教材系列
ISBN 978-7-121-24442-1

Ⅰ. ①P⋯ Ⅱ. ①王⋯ ②邵⋯ Ⅲ. ①印刷电路—计算机辅助设计—应用软件—高等学校—教材 Ⅳ. ①TN410.2

中国版本图书馆 CIP 数据核字（2014）第 227160 号

策划编辑：陈健德（E-mail：chenjd@phei.com.cn）
责任编辑：李　蕊
印　　刷：涿州市般润文化传播有限公司
装　　订：涿州市般润文化传播有限公司
出版发行：电子工业出版社
　　　　　北京市海淀区万寿路 173 信箱　邮编　100036
开　　本：787×1 092　1/16　印张：17.25　字数：452.6 千字
版　　次：2016 年 8 月第 1 版
印　　次：2025 年 1 月第 14 次印刷
定　　价：52.00 元

凡所购买电子工业出版社图书有缺损问题，请向购买书店调换。若书店售缺，请与本社发行部联系，联系及邮购电话：（010）88254888，88258888。

质量投诉请发邮件至 zlts@phei.com.cn，盗版侵权举报请发邮件至 dbqq@phei.com.cn。

本书咨询联系方式：chenjd@phei.com.cn。

前　言

随着电子行业企业在设计领域的快速发展，有更多新的电子产品不断面向市场，使人们的生活更加多姿多彩。本书第 1 版的电路设计方法与操作主要以 Protel 99 SE 版本为例进行介绍。结合许多合作企业的生产实践经验，以及行业技术发展和近几年取得的课程改革成果，在充分听取院校师生和有关专家意见后本书以使用范围最广的 Protel DXP 2004 SP2 为例进行修订编写。

Protel DXP 是第一个将所有设计工具集于一身的板级设计系统，电子设计者从最初的项目模块规划到最终形成生产数据都可以按照自己的设计方式实现。Protel DXP 运行在优化的设计浏览器平台上，并且具备当今所有先进的设计特点，能够处理各种复杂的 PCB 设计过程。通过设计输入仿真、PCB 绘制编辑、拓扑自动布线、信号完整性分析和设计输出等技术融合，Protel DXP 提供了全面的设计解决方案。本课程基于 Protel DXP 2004 SP2，采用理实一体化方式组织教学，注重电路设计的各个环节，从电路的整体规划、分电路设计、电路仿真调试、印制电路板设计到电路组装调试，使读者最终学习和掌握独立完成电路设计的方法与技巧。

本书深入浅出地讲述 Protel DXP 2004 SP2 的操作方法和应用技巧。全书共 8 章，第 1 章介绍 Protel DXP 2004 SP2 基础知识；第 2～5 章介绍原理图的设计、原理图编辑技巧、层次原理图的设计、创建原理图元件；第 6～8 章介绍 PCB 设计基础、印制电路板的设计、创建 PCB 元件封装；最后设有综合实训及计算机辅助设计高级绘图员技能鉴定试题（电子类 DXP 高级）等。

本书为高等职业本、专科院校电子 CAD 课程的教材，也可作为开放大学、成人教育、自学考试、中职学校和培训班的教材，以及电子工程技术人员的参考工具书。

全书由重庆城市管理职业学院王万刚、重庆电子工程职业学院邵有为任主编，重庆城市管理职业学院彭勇、张建碧和重庆开县职业教育中心王勇军任副主编。其中王万刚编写第 3、7 章；彭勇编写第 2 章；邵有为编写第 5、8 章；张建碧、王勇军、刘新、蔡川、王来志、袁亮编写第 1、4、6 章及附录。

在教材编写过程中，得到重庆普天普科通信技术有限公司的技术专家，以及成都航空职业技术学院曾友州、四川交通职业技术学院何涛、南京信息职业技术学院周志近、常州信息职业技术学院余建、淮安信息职业技术学院赵安邦的大力支持和帮助，在此一并表示衷心感谢。

由于水平和时间有限，书中不妥之处还望读者批评与指正。

为了方便教师教学，本书配有免费的电子教学课件、习题参考答案，请有此需要的教师登录华信教育资源网（http://www.hxedu.com.cn）免费注册后进行下载，有问题时请在网站留言板留言或与电子工业出版社联系（E-mail:hxedu@phei.com.cn）。

编者

目　录

第1章

Protel DXP 2004 SP2

基础

Protel DXP 2004 SP2 主界面与 Protel 99 SE 大不一样，不仅增加了功能，还特别增加了面板显示方式，使操作更加方便。在文件结构上，Protel DXP 2004 SP2 改变了 Protel 99 SE 的设计数据库存放形式，引入了工程项目的概念，使文件的保存和使用更加方便。本章主要学习 Protel DXP 2004 SP2 的基础知识。

教学导航

教	知识要点	1. Protel DXP 的特点与系统组成
学	技能要点	1. Protel DXP 2004 SP2 软件安装
		2. 系统参数的设置
		3. Protel DXP 2004 SP2 的文件管理

1.1 Protel DXP 的特点与系统组成

Altium 公司作为 EDA 领域里的一个领先公司，在原来 Protel 99 SE 的基础上，应用最先进的软件设计方法，于 2002 年率先推出了一款基于 Windows 2000 和 Windows XP 操作系统的 EDA 设计软件 Protel DXP。并于 2004 年推出了整合 Protel 完整 PCB 板级设计功能的一体化电子产品开发系统环境——Altium Designer 2004 版。

Protel DXP 在之前版本的基础上增加了许多新的功能。新的可定制设计环境功能包括双显示器支持，可固定、浮动及弹出面板，强大的过滤和对象定位功能及增强的用户界面等。Protel DXP 是第一个将所有设计工具集于一身的板级设计系统，电子设计者从最初的项目模块规划到最终形成生产数据都可以按照自己的设计方式实现。

Protel DXP 运行在优化的设计浏览器平台上，并且具备当今所有先进的设计特点，能够处理各种复杂的 PCB 设计过程。通过设计输入仿真、PCB 绘制编辑、拓扑自动布线、信号完整性分析和设计输出等技术融合，Protel DXP 提供了全面的设计解决方案。

1．Protel DXP 主要特点

（1）通过设计包的方式，将原理图编辑、电路仿真、PCB 设计及打印这些功能有机地结合在一起，提供了一个集成开发环境。

（2）提供了混合电路仿真功能，为设计实验原理图电路中某些功能模块的正确与否提供了方便。

（3）提供了丰富的原理图组件库和 PCB 封装库，并且为设计新的器件提供了封装向导程序，简化了封装设计过程。

（4）提供了层次原理图设计方法，支持"自上向下"的设计思想，使大型电路设计的工作组开发方式成为可能。

（5）提供了强大的查错功能。原理图中的 ERC （电气法则检查）工具和 PCB 的 DRC（设计规则检查）工具能帮助设计者更快地查出和改正错误。

（6）全面兼容 Protel 系列以前版本的设计文件，并提供了 OrCAD 格式文件的转换功能。

（7）提供了全新的 FPGA 设计功能。

2．Protel DXP 设计系统的组成

（1）原理图（Schematic）设计系统。主要用于电路原理图的设计，是 PCB 电路设计的前期部分。

（2）原理图仿真（Simulation）系统。通过软件来模拟具体电路的实际工作，以检验电路设计过程中是否存在缺陷。

（3）印制电路板（PCB）设计系统。

（4）信号完整性（Signal Integrity）分析系统。

（5）FPGA 设计系统。

（6）集成元件库设计系统。

1.2　Protel DXP 2004 SP2 的系统需求与安装

1.2.1　系统需求

Altium 公司推荐的最佳系统配置为：

（1）Windows XP（专业版或家庭版）、Windows 2000 专业版。

（2）3 GHz Pentium Ⅳ处理器或其他性能相当的处理器。

（3）1 GB 内存。

（4）2 GB 硬盘空间（包括软件安装和用户文件）。

（5）双显示器，均采用 1 280×1 024 屏幕分辨率，32 位真彩色，64 MB 显存。

Protel DXP 2004 的可接受配置为：

（1）Windows XP（专业版或家庭版）、Windows 2000 专业版。

（2）1 GHz 处理器。

（3）256 MB 内存。

（4）2 GB 硬盘空间。

（5）显示器 1 024×768 屏幕分辨率，32 位真彩色，32 MB 显存。

1.2.2　安装 Protel DXP 2004 软件

Protel DXP 2004 这款电子 CAD 软件的安装非常容易。打开安装盘，双击"setup"目录下的"setup.exe"文件，出现如图 1-2-1 所示的欢迎使用 Protel DXP 2004 界面。

图 1-2-1　Protel DXP 2004 软件安装时的界面

下面，要一步一步地完成 Protel DXP 2004 软件的安装。为行文方便，对鼠标的操作，本书做如下约定：

（1）鼠标单击：将鼠标光标移到对象上，按下鼠标左键后立即放开。

（2）鼠标双击：将鼠标光标移到对象上，迅速按放两次鼠标左键。

（3）鼠标右击：将鼠标光标移到对象上，按下鼠标右键后立即放开。

（4）鼠标拖动：先将鼠标光标移到对象上，然后按下鼠标左键不放开并移动鼠标。

（5）鼠标指向：将鼠标光标移到对象上。

另外，本书也经常把"鼠标单击"简称为"单击"，把"鼠标双击"简称为"双击"，把"鼠标右击"简称为"右击"，请读者根据上下文做相应理解。

在如图 1-2-1 所示的界面中，单击"Next"按钮，安装进入下一步，如图 1-2-2 所示。

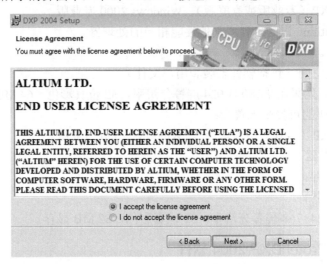

图 1-2-2　接受 Protel DXP 2004 安装协议操作界面

在如图 1-2-2 所示界面中，选择"I accept the license agreement"单选项并单击"Next"按钮，安装进入下一步。此时，需输入用户及公司名称，如图 1-2-3 所示。

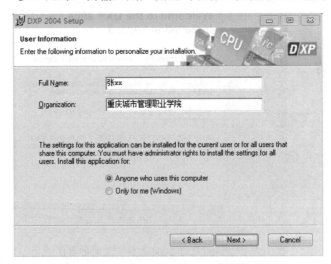

图 1-2-3　输入用户名和公司名操作界面

在如图 1-2-3 所示界面中单击"Next"按钮，安装进入下一步，为系统确认安装路径，这里采用默认路径，如图 1-2-4 所示。

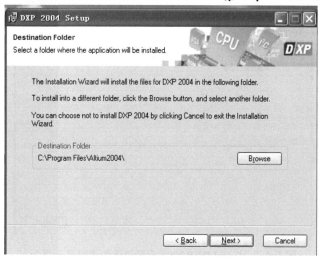

图 1-2-4　Protel DXP 2004 安装路径确认操作界面

在如图 1-2-4 所示界面中单击"Next"按钮，安装进入下一步，系统完成准备工作，如图 1-2-5 所示。

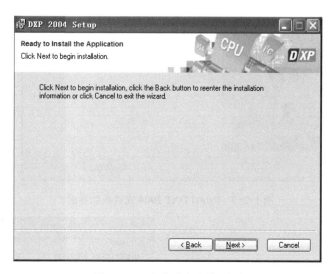

图 1-2-5　安装准备完毕界面

在如图 1-2-5 所示的界面中单击"Next"按钮，系统开始安装软件，并用进度条实时显示安装进度，如图 1-2-6 所示。

安装进度显示完毕后，单击如图 1-2-7 所示界面中的"Finish"按钮，确认安装成功。

1.2.3　安装 Protel DXP 2004 SP2 元件库

Protel DXP 2004 系统软件安装成功后，还要继续安装其 SP2 元件库。进入"元件库"文件夹，双击"DXP2004SP2_IntegratedLibraries.exe"文件安装元件库，系统进入元件库安装向导界面，如图 1-2-8 所示。

安装向导运行后，安装过程进入如图 1-2-9 所示的安装协议确认界面。

图 1-2-6　Protel DXP 2004 安装进度的实时显示界面

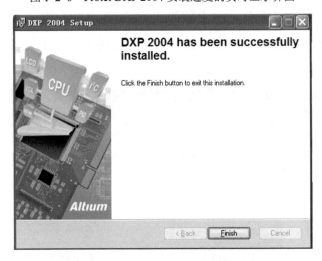

图 1-2-7　Protel DXP 2004 安装成功界面

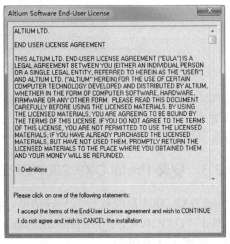

图 1-2-8　SP2 元件库安装向导界面　　　　　图 1-2-9　安装协议确认界面

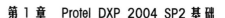
在如图 1-2-9 所示界面中单击"I accept the terms of the End-User License agreement and wish to CONTINUE"单选项，安装过程进入如图 1-2-10 所示的 SP2 元件库安装路径选择确认界面。

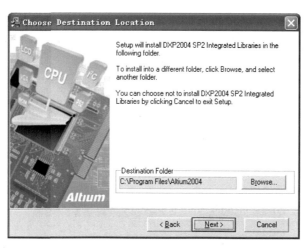

图 1-2-10　SP2 元件库安装路径选择确认界面

单击如图 1-2-10 所示界面中的"Next"按钮，安装过程进入如图 1-2-11 所示的元件库安装准备完毕界面。

单击如图 1-2-11 所示界面中的"Next"按钮，系统开始安装元件库，同样用进度条实时显示安装进度，如图 1-2-12 所示。

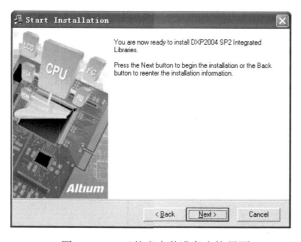
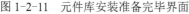

图 1-2-11　元件库安装准备完毕界面　　　　图 1-2-12　SP2 元件库安装进度的
　　　　　　　　　　　　　　　　　　　　　　　　　　　　　实时显示界面

安装进度显示完毕后，单击如图 1-2-13 所示界面中的"Finish"按钮，确认安装成功。

1.2.4　安装 Protel DXP 2004 SP2 补丁

下面，还要安装 Protel DXP 2004 SP2 补丁。双击"DXP2004ServicePack2.exe"文件，系统进入如图 1-2-14 所示的 SP2 补丁安装向导界面。

图 1-2-13　SP2 元件库安装成功界面

图 1-2-14　SP2 补丁安装向导界面

安装向导运行后，安装过程进入如图 1-2-15 所示的安装协议确认界面。

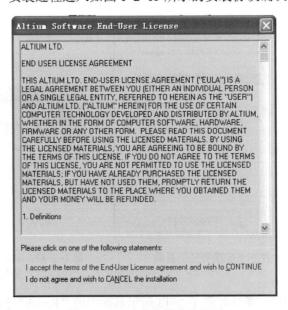

图 1-2-15　安装协议确认界面

在如图 1-2-15 所示界面中单击"I accept the terms of the End-User License agreement and wish to CONTINUE"单选项，安装过程进入如图 1-2-16 所示的 SP2 补丁安装路径选择确认界面。

图 1-2-16　SP2 补丁安装路径选择确认界面

　　单击如图 1-2-16 所示界面中的"Next"按钮，安装过程进入如图 1-2-17 所示的 SP2 补丁安装准备完毕界面。

　　单击如图 1-2-17 所示界面中的"Next"按钮，系统开始安装 SP2 补丁，也同样用进度条实时显示安装进度，如图 1-2-18 所示。

图 1-2-17　SP2 补丁安装准备完毕界面　　　图 1-2-18　SP2 补丁安装进度的实时显示界面

　　安装进度显示完毕后，单击如图 1-2-19 所示界面中的"Finish"按钮，确认安装成功。完成了这 3 个安装过程后，就完成了 Protel DXP 2004 SP2 整个系统的安装。

1.2.5　激活 Protel DXP 2004

　　Protel DXP 2004 只有在运行时才能激活，Protel DXP 2004 的启动方式有如下两种。

　　（1）单击计算机桌面下方的"开始"按钮，在弹出的启动菜单中选择"DXP 2004"选项，如图 1-2-20 所示，即可启动 Protel DXP 2004。

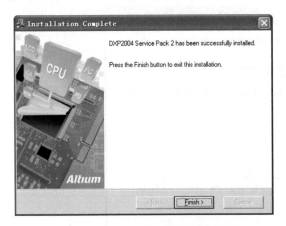

图 1-2-19　SP2 补丁安装成功界面　　　　图 1-2-20　选择"DXP 2004"选项

（2）在计算机桌面上选择"开始"→"程序（P）"→"Altium"→"DXP 2004"命令项，如图 1-2-21 所示，也可启动 Protel DXP 2004。

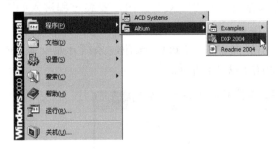

图 1-2-21　"开始"→"程序（P）"→"Altium"→"DXP 2004"命令项

激活前的 Protel DXP 2004 启动画面如图 1-2-22 所示，其中的"unlicensed"显示为蓝色，而"circuitstudio"、"nVisage"、"Nexar"、"Protel"和"CAMtastic"模块图标都用灰色显示，表示该软件未被激活。

图 1-2-22　激活前的 Protel DXP 2004 启动界面

启动后，Protel DXP 2004 将自动新建一个名为"Workspace1.DsnWrk"的工作台，此时工具栏中的快捷按钮都处于不可用状态，系统自动打开如图 1-2-23 所示的"DXP License Management"界面，以红色显示"There are no active licenses. Use the options to add or choose a license"，提示未找到激活许可证，要求用户设置或添加许可证以激活 Protel DXP 2004。

读者可以参照软件包中的 Protel 2004_SP2_单机版注册机、Network License Setup 网络版注册机的说明完成 Protel DXP 2004 的激活。

由图 1-2-23 可知，Protel DXP 2004 运行环境默认界面为英文，但它也支持中文。英、中文界面切换的操作是，单击菜单栏中的"DXP"菜单及其"Preferences"子菜单，两级菜单的单击操作执行后，系统就弹出"Preferences"对话框，在对话框左侧窗口中依次单击"DXP System"→"General"选项，在右侧下方的"Localization"栏目中选中"Use localized resources"复选框，选中后系统又弹出"DXP Warning"对话框，如图 1-2-24 所示。

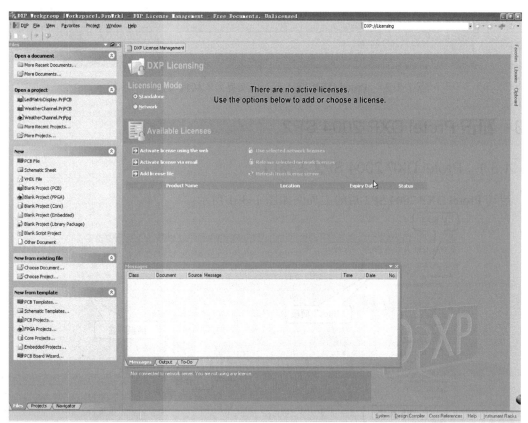

图 1-2-23　"DXP License Management"界面

依次单击图 1-2-24 中上下两层的"OK"按钮，然后再单击 Protel DXP 2004 主界面右上角上的"×"（关闭）按钮，退出 Protel DXP 2004 的运行状态后，再重新启动，系统就会显示为中文界面。但为了软件功能最佳发挥，本书采用英文界面。

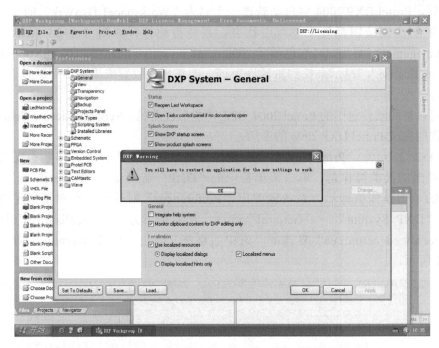

图 1-2-24　Protel DXP 2004 英、中文界面的切换设置操作界面

1.3　初识 Protel DXP 2004 SP2

1.3.1　Protel DXP 2004 SP2 主窗口

启动 Protel DXP 2004 SP2 后的主界面如图 1-3-1 所示。

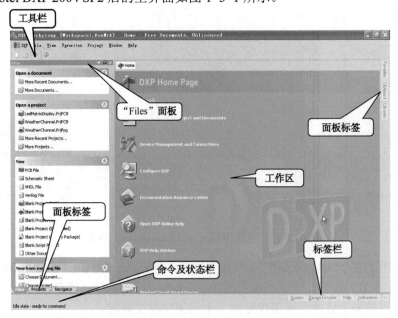

图 1-3-1　Protel DXP 2004 SP2 主界面

1. 菜单栏

1）"File"菜单

"File"菜单主要用于文件的新建、打开和保存等操作，如图1-3-2所示。在菜单命令中，凡是带标记的，表示该命令还有下一级子菜单。图1-3-2中显示了"New"命令的下一级子菜单。

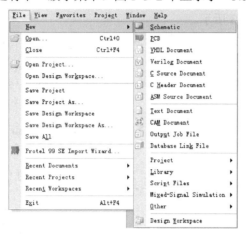

图 1-3-2　"File"菜单

（1）New："New"子菜单主要用于新建各种文件，包括原理图文件（Schematic）、PCB文件（PCB）、工程项目（Project）、元件库文件（Library）等常用命令。可根据不同的设计任务创建对应的文件。常用的设计文件名及文件后缀如表1-3-1所示。

表 1-3-1　常用的设计文件名及文件后缀

设计文件名	文件后缀
原理图	SchDoc
PCB	PcbDoc
原理图元件库	SchLib
PCB 封装库	PcbLib
PCB 工程文件	PrjPcb
FPGA 工程文件	PrjFpg

其中，工程项目（Project）中还包括不同类型的项目文件，本书主要用到的是PCB工程文件（PCB Project）；元件库（Library）中也包括不同类型的元件库文件，本书用到的主要是原理图元件库（Schematic Library）和PCB元件封装库（PCB Library）。

（2）Open：打开Protel DXP 2004 SP2可以识别已有文件。

（3）Close：关闭当前打开的文件。

（4）Open Project：打开已有的工程项目。

（5）Open Design Workspace：打开已有的工作空间。

（6）Save Project：保存当前打开的工程项目。

（7）Save Project As：工程项目文件另存为。

（8）Save Design Workspace：保存当前打开的工作空间。

（9）Save Design Workspace As：工作空间另存为。

（10）Save All：保存当前所有打开的文件。

（11）Protel 99 SE Import Wizard：Protel 99 SE设计数据库文件（*.ddb文件）导入向导。

（12）Recent Documents：最近打开的文档列表。用鼠标左键单击该命令后，出现最近打

开的文档列表，从中选择文件名，可直接打开该文件。

（13）Recent Projects：最近打开的工程项目列表。

（14）Recent Workspaces：最近打开的工作空间列表。

2）"View" 菜单

"View" 菜单如图 1-3-3 所示。

（1）Toolbars：用于设置主窗口中活动工具栏的显示或隐藏。

"Toolbars" 命令的下一级菜单中有下列 3 个命令。

① Navigation：单击 "Navigation" 命令，弹出的 "Navigation（导航）" 工具栏如图 1-3-4 所示。

图 1-3-4 中的 图标的作用是直接回到 "Home" 窗口，如图 1-3-5 所示。

图 1-3-3 "View" 菜单

图 1-3-4 "Navigation（导航）" 工具栏

图 1-3-4 中的 图标的作用是显示 "Favorites" 菜单。

② No Document Tools：单击 "No Document Tools" 命令，弹出 "No Document Tools（无文档工具）" 工具栏，如图 1-3-6 所示。

图 1-3-5 直接回到 "Home" 窗口   图 1-3-6 "No Document Tools（无文档工具）" 工具栏

③ Customize：自定义。

（2）Workspace Panels：工作面板。

（3）Desktop Layouts：桌面布局。

（4）Devices View：连接设备查看。

（5）Home：显示或关闭 "Home" 窗口。

（6）Status Bar：显示或关闭状态栏。

（7）Command Status：显示或关闭命令栏。

第（6）和（7）这两个命令是一个开关，当命令前有 "√" 时表示显示状态/命令栏，没有 "√" 时则不显示状态/命令栏。

3）"Favorites" 菜单

"Favorites" 菜单（如图 1-3-7 所示）的功能类似于 IE 浏览器中的收藏夹。

（1）Add to Favorites：增加新的页面到收藏夹。

（2）Organize Favorites：收藏夹结构。

4）"Project" 菜单

"Project" 菜单如图 1-3-8 所示。

（1）Compile：编译。

（2）Show Differences：显示差别。

（3）Add Existing to Project：将当前打开的文件添加到项目中。

（4）Remove from Project：从项目中移出。

（5）Add Existing Project：添加已有项目。

（6）Add New Project：添加新项目。

（7）Open Project Documents：打开项目中的文档。

（8）Version Control：版本控制。

（9）Project Options：项目选项。

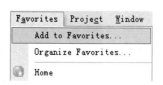

图 1-3-7 "Favorites" 菜单   图 1-3-8 "Project" 菜单

5）"Window" 菜单

"Window" 菜单如图 1-3-9 所示。

（1）Arrange All Windows Horizontally：窗口水平平铺。

（2）Arrange All Windows Vertically：窗口垂直平铺。

（3）Close All：关闭所有窗口。

6）"Help" 菜单

"Help" 菜单如图 1-3-10 所示。

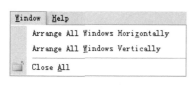

图 1-3-9 "Window" 菜单   图 1-3-10 "Help" 菜单

2. 工作窗口

在刚打开的"Home"窗口中显示的是常用命令。

1）"Pick a Task"区域（选择一项工作区域）

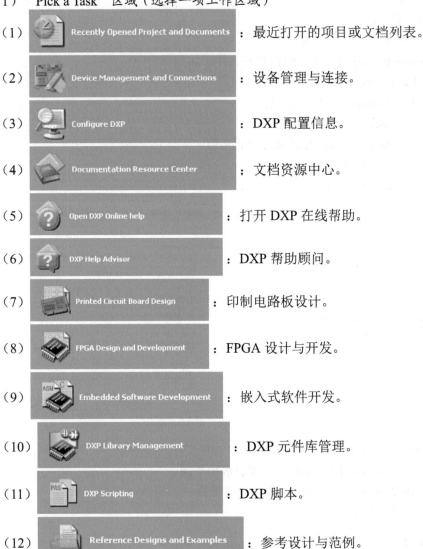

（1）Recently Opened Project and Documents：最近打开的项目或文档列表。

（2）Device Management and Connections：设备管理与连接。

（3）Configure DXP：DXP 配置信息。

（4）Documentation Resource Center：文档资源中心。

（5）Open DXP Online help：打开 DXP 在线帮助。

（6）DXP Help Advisor：DXP 帮助顾问。

（7）Printed Circuit Board Design：印制电路板设计。

（8）FPGA Design and Development：FPGA 设计与开发。

（9）Embedded Software Development：嵌入式软件开发。

（10）DXP Library Management：DXP 元件库管理。

（11）DXP Scripting：DXP 脚本。

（12）Reference Designs and Examples：参考设计与范例。

2）"or Open a Project or Document"区域（打开一个工程项目或文档区域）

如图 1-3-11 所示为"or Open a Project or Document"区域中显示的内容。

图 1-3-11　"or Open a Project or Document"区域

（1）Most Recent Project–dxpjc.PRJPCB：显示最近打开的工程项目，"–"后面显示的是项目名称。用鼠标左键单击该项可直接打开"–"后面显示的项目文件。该项目的信息在图 1-3-11 最下面的两行中显示。

（2）Most Recent Document–tu1.SCHDOC：显示最近打开的文档，"–"后面显示的是文档名称。用鼠标左键单击该项可直接打开"–"后面显示的文档。

（3）Open any Project or Document：打开一个工程项目或文档，用鼠标左键单击该项可通过选择路径打开指定的项目文件或文档。

（4）Project Name：显示打开的项目名称。

（5）Project Type：显示该项目的类型。

（6）Location：显示该项目的存放路径。

（7）Last Saved：显示该项目最后保存的时间。

1.3.2　系统参数的设置

为方便用户使用，Protel DXP 2004 系统提供了一些操作环境的设置，并允许用户对其进行修改，方法如下。

选择"DXP"→"System Preferences…"命令选项，打开如图 1-3-12 所示的"Design Explorer Preferences"对话框。

在如图 1-3-12 所示的对话框中共有 6 个选项卡，下面分别对其进行介绍。

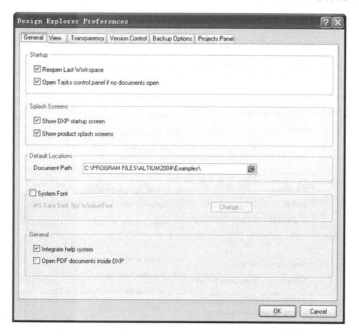

图 1-3-12　"Design Explorer Preferences"对话框

1．"General"选项卡

1）"Startup"区域

（1）Reopen Last Workspace：设置在启动 Protel DXP 时，是否重新打开上次的工作区。

（2）Open Tasks control panel if no documents open：如果没有打开的文件，那么是否打开任务控制面板。

2）"Splash Screens" 区域

（1）Show DXP startup screen：启动 Protel DXP 时，是否显示系统的启动画面。

（2）Show product splash screens：启动 Protel DXP 的各种软件工具（如原理图编辑器、PCB 编辑器等）时，是否显示服务程序产品信息画面。

3）"Default Locations" 区域

用来设置 Protel DXP 各种设计文件保存的默认路径。

4）"System Font" 区域

用来设置系统字体、字形和大小。选中该项后，单击右侧的按钮可以打开"字体"对话框，在该对话框中对系统字体、字形和大小进行设置。

5）"General" 区域

（1）Integrate help system：Protel DXP 是否结合帮助系统。

（2）Open PDF document inside DXP：选中此项，则在打开 PDF 格式的文件时，文件在 DXP 窗口打开。不选此项，则在打开 PDF 格式的文件时，弹出新的窗口。

2．"View" 选项卡

"View" 选项卡如图 1-3-13 所示，其中各选项的具体意义如下。

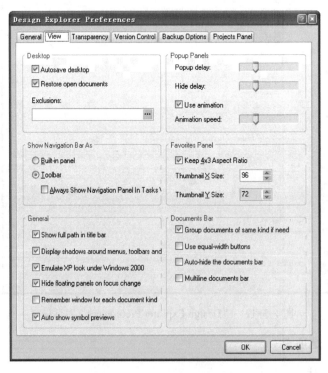

图 1-3-13　"View" 选项卡

1）"Desktop"区域

（1）Autosave desktop：Protel DXP 系统关闭时，是否自动保存自定义的桌面（工作区），系统默认为选中状态。

（2）Restore open documents：Protel DXP 系统关闭时，是否自动保存已打开的文件，以便下次启动时直接打开，系统默认为选中状态。也可以通过"Exclusions"选择框右边的按钮打开选择文件种类对话框，选择不保存哪些格式的文件。

2）"Show Navigation Bar As"区域

（1）Built-in panel：是否将导航器面板作为内嵌面板。

（2）Toolbar：是否将导航器面板作为工具栏。

（3）Always Show Navigation Panel In Tasks View：是否总是显示导航器面板，系统默认为不选中。

3）"General"区域

（1）Show full path in title bar：选中该复选框，则在标题栏显示当前激活文件的全部路径。不选中，则标题栏只显示当前激活文件的名称。

（2）Display shadows around menus, toolbars and panels：是否在菜单栏、工具栏和工作面板周围显示阴影，以具有立体效果。

（3）Emulate XP look under Windows 2000：选中该复选框，则 Protel DXP 在 Windows 2000 下模拟 XP 的风格。

4）"Popup Panels"区域

（1）Popup delay：设置面板弹出的等待时间，向左移动滑块，等待时间变短；向右移动滑块，等待时间变长。

（2）Hide delay：设置面板隐藏的等待时间。

（3）Use animation：选中该复选框，则面板显示或隐藏时采用动画方式，同时可以通过调节"Animation speed"右边的滑块位置改变动画的速度。左移速度加快，右移速度减慢。

5）"Favorites Panel"区域

该区域用来定义显示画面的高宽比，通常采用系统默认的 4×3 比例。如果不选择 4×3 比例，也可以自己调整。

6）"Documents Bar"区域

（1）Group documents of same kind if need：是否根据需要将相同类别的文件进行归类。

（2）Use equal-width buttons：是否采用相同宽度的按钮。

（3）Auto-hide the documents bar：是否自动隐藏文档栏。

3．"Transparency"选项卡

"Transparency"选项卡如图 1-3-14 所示。该选项卡用于设定浮动工具栏及对话框的透明效果，其中各选项的具体意义如下。

（1）Transparency floating windows：选中该复选框，则在调用一个交互式过程时，编辑区窗口的浮动工具栏和其他对话框将透明显示。

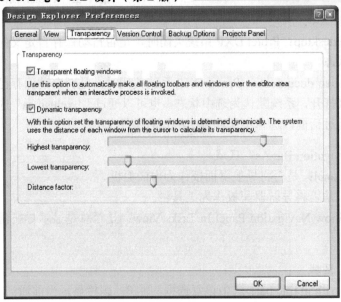

图 1-3-14　"Transparency" 选项卡

（2）Dynamic transparency：选中该复选框，则系统将采用动态透明效果。

采用动态透明效果时，可以在"Highest transparency"选项中设置最高透明度，滑块右移，最高透明度增加。在"Lowest transparency"选项中设置最低透明度，滑块右移，最低透明度增加。"Distance factor"选项可以设置光标与浮动工具栏、浮动对话框或浮动面板距离多少时透明效果消失。

4．"Version Control" 选项卡

"Version Control"选项卡如图 1-3-15 所示，该选项卡用来设置是否启用版本控制系统（VCS）。如果需要使用版本控制软件（如 Visual SourceSafe）来登记并检测文档项目，则选中"Enable Version Control"复选框。

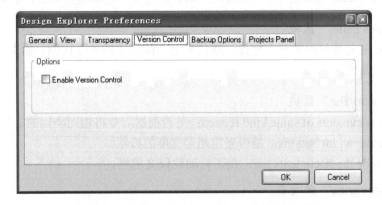

图 1-3-15　设置是否启动 Protel DXP 的版本控制系统

5．"Backup Options" 选项卡

"Backup Options"选项卡如图 1-3-16 所示，该选项卡用于设定文件备份的参数，其中

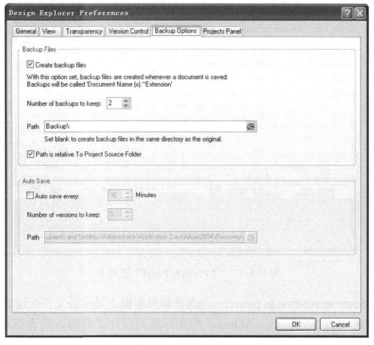

图 1-3-16　"Backup Options"选项卡

各选项的具体意义如下。

1）"Backup Files"区域

该区域设置文件备份的一些参数。选中"Create backup files"复选框，则 Protel DXP 对文件进行自动备份，否则不进行自动备份。一般备份文件名称的格式为"Document Name（x）.~Extension"，"Document Name"表示备份的文件名，"x"表示备份文件序号，"Extension"表示备份文件的扩展名。

如果选中了自动备份功能，则通过"Number of backups to keep"栏可以设置备份文件的备份数，通过"Path"栏可以设置备份文件的保存路径。

2）"Auto Save"区域

该区域设置系统是否采用自动保存的功能。

如果启动了自动保存功能，则可以通过"Auto save every"复选框右边的增减按钮来设置自动保存的时间间隔。通过"Number of versions to keep"栏来设置自动保存的版本数。通过"Path"栏设置保存文件的路径。

6．"Projects Panel"选项卡

"Projects Panel"选项卡如图 1-3-17 所示，该选项卡用于设定项目管理面板的状态选项、文档操作及文档管理形式，其中各选项的具体意义如下。

1）"General"选项

（1）Show open/modified status：是否在项目面板上显示各文件被打开、编辑等状态。

（2）Show VCS status：是否在项目面板上显示各设计文件的 VCS（版本控制系统）状态。

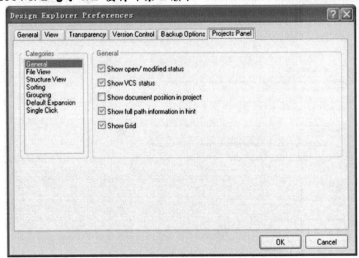

图 1-3-17　"Projects Panel" 选项卡

（3）Show document position in project：是否在项目面板上显示各文件在设计项目中的位置。

（4）Show full path information in hint：当光标指向设计文件时，是否在提示信息内显示文件的完整路径。

（5）Show Grid：是否在项目面板上显示网格。

2）"File View" 选项

在 "Projects Panel" 选项卡的 "Categories" 区域中选中 "File View" 选项时，该对话框会显示出该选项对应的设置内容，其设置内容有两项。

（1）Show Project Structure：是否在项目面板上显示项目文件结构。

（2）Show Document Structure：是否在项目面板上显示文件结构。

3）"Structure View" 选项

（1）Show Documents：是否显示文件。

（2）Show Sheet Symbol：是否显示图纸符号。

（3）Show Nexus Components：是否显示连接元件。

4）"Sorting" 选项

（1）Project order：使设计项目中的文件按照添加到项目中的次序进行排列。

（2）Alphabetically：使设计项目中的文件按照字母次序进行排列。

（3）Open/modified status：使设计项目中的文件按照打开、编辑的次序进行排列。

（4）VCS status：使设计项目中的文件按照 VCS 状态进行排列。

（5）Ascending：使设计项目中的文件按照升序进行排列。

5）"Grouping" 选项

（1）Do not group：对设计项目中的文件不进行分组管理。

（2）By class：将设计项目中的文件按类别进行分组管理。

（3）By document type：对设计项目中的文件按照文件类型进行分组管理。

6）"Default Expansion" 选项

设置项目工作面板中默认的展开信息。

（1）Fully contracted：全部压缩。

（2）Expanded one level：只展开一层。

（3）Source files expanded：对源文件展开。

（4）Fully expanded：全部展开。

7）"Single Click" 选项

设置在项目工作面板中单击鼠标左键时实现的功能。

（1）Does nothing：不发生任何动作。

（2）Activates open documents：单击项目面板上的某个已打开的文件时将激活该文件。

（3）Opens and shows documents：单击项目面板上某个未打开的文件时，将打开该文件。

1.4　Protel DXP 2004 SP2 的文件管理

在 Protel DXP 2004 SP2 中，任何一个工程设计都是以项目的形式来进行组织和管理的。Protel DXP 2004 SP2 工程设计的一般步骤是先创建一个项目文件，用来代表一个工程项目，然后再在这个项目中创建各种设计文件。项目文件用来管理工程设计中各个设计文件之间的逻辑关系，但不将各个设计文件包含在内，即在磁盘文件结构上，项目文件与其他设计文件的地位是平等的，没有管理与被管理的层次差别。

为了养成良好的设计习惯，以适应多个设计工程的需要，Protel DXP 2004 SP2 设计者应该建立专门的文件夹来保存各个设计文件。要注意，不是只建一个文件夹，而是要建有层次的文件夹。具体的做法是：先在数据盘（如在 E 盘上）建立一个"我的设计"文件夹。然后在"我的设计"文件夹下面再为每个设计建立一个专门的文件夹（如"设计一"），目的是将该设计的所有文件都保存在这个文件夹中。

1.4.1　新建项目文档

在绘制原理图之前，用户需要先建立一个设计工作台（Design Workspace），然后再在该工作台下创建 PCB 项目。新建工作台的方法如下。

（1）双击桌面上的 Protel DXP 2004 SP2 图标，启动 Protel DXP 2004 SP2。Protel DXP 2004 SP2 启动后会自动新建一个默认名为"Workspace1.DsnWrk"的工作台，用户可选择在该默认工作台下创建项目，也可以自己新建工作台。

（2）选择如图 1-4-1 所示的"File"→"New"→"Design Workspace"命令，系统将按照默认名称新建一个工作台。

（3）单击"Projects"工作面板中的"Workspace"按钮，或者在新建的工作台名称上单击鼠标右键，打开如图 1-4-2 所示的下拉菜单。

（4）在下拉菜单中选择"Save Design Workspace As…"命令，打开如图 1-4-3 所示的"Save[Workspace1.DsnWrk]As…"对话框。

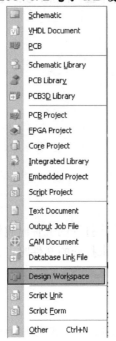

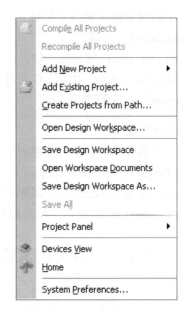

图 1-4-1 "File"→"New"菜单   图 1-4-2 下拉菜单

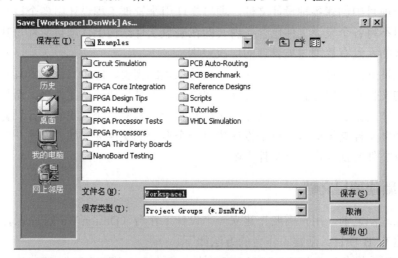

图 1-4-3 "Save[Workspace1.DsnWrk]As…"对话框

（5）在"Save[Workspace1.DsnWrk]As…"对话框的"文件名"文本框内输入自定义的工作台名称"MyWork"，然后单击"保存"按钮，即可新建一个名为"MyWork.DSNWRK"的工作台，如图 1-4-4 所示。

空白的工作台创建完毕后，需要向工作台中添加项目。

（6）单击"Projects"工作面板上的"Project"按钮，在弹出的如图 1-4-5 所示的菜单中选择"Add New Project"→"PCB Project"命令，新建如图 1-4-6 所示的名为"PCB_Project1.PrjPCB"的 PCB 项目。

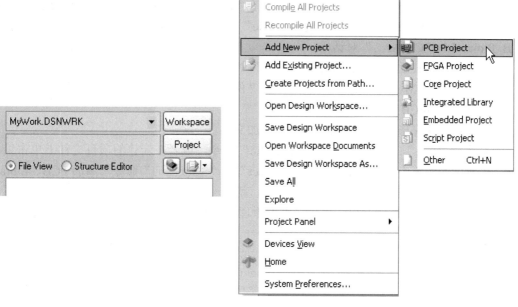

图 1-4-4　"MyWork.DSNWRK"工作台　　图 1-4-5　选择"Add New Project"→"PCB Project"命令

图 1-4-6　名为"PCB_Project1.PrjPCB"的 PCB 项目

读者也可以在 Protel DXP 2004 SP2 启动后，执行"File"→"New"→"Project"→"PCB Project"命令，新建一个 PCB 项目文件，如图 1-4-7 所示。

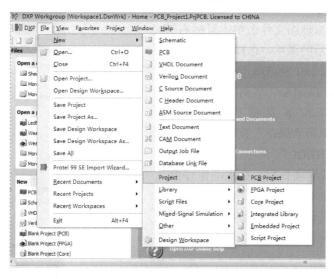

图 1-4-7　创建 PCB 项目文件的菜单操作图示

（7）在新建的 PCB 项目上单击鼠标右键，在弹出的如图 1-4-8 所示的菜单中选择"Save Project As..."命令，或在主菜单中选择"File"→"Save Project As..."命令打开"Save [PCB_Project1.PrjPCB]As..."对话框。

（8）在"Save [PCB_Project1.PrjPCB]As..."对话框的"文件名"文本框中输入用户自定义的项目文件名"MyPCB_Prj1"，然后单击"保存"按钮，将新建的 PCB 项目更名为"MyPCB_Prj1.PRJPCB"。

空白项目创建完毕后，接下来要向里面添加文件。

（9）选择"File"→"New"→"Schematic"命令，或者在新建的项目文件上单击鼠标右键，在弹出的菜单中选择"Add New to Project"→"Schematic"命令（添加 PCB、Library 等其他文件方法与此相同），如图 1-4-9 所示，新建一个名为"Sheet1.SchDoc"的原理图文件，并启动 DXP Schematic Editor 模块，进入原理图编辑界面。

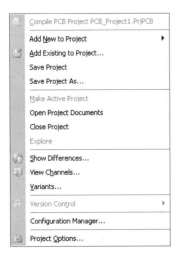

图 1-4-8　弹出的菜单

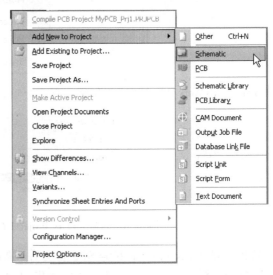

图 1-4-9　选择"Add New to Project"→"Schematic"命令

（10）在新建的原理图文件上单击鼠标右键，弹出如图 1-4-10 所示的菜单，选择"Save As..."命令，打开"Save [Sheet1.SchDoc]As..."对话框。在"Save [Sheet1.SchDoc]As..."对话框的"文件名"文本框中输入需要更改的文件名"MySheet1"，然后单击"保存"按钮，文件将更名为"MySheet1.SCHDOC"。

用户新建文件或者项目后，在手动保存前，Protel DXP 2004 SP2 不会将这些文件自动保存到磁盘上。因此，如果设计者在新建项目文件后选择关闭该项目时未保存文件，那么这个文件将被从内存中释放。

此时，在"Project"工作面板上的"WorkSpace"

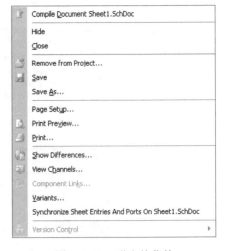

图 1-4-10　弹出的菜单

文本框和"Project"文本框中的当前工作台名称和当前项目名称后都会出现一个"*"，表示该工作台和项目都已更改，提醒用户保存。

（11）单击"Project"工作面板上的"WorkSpace"按钮，在弹出的菜单中选择"Save All"命令，即可保存当前工作台下所有的更改。

当用户在未保存对项目文件更改的情况下，单击 Protel DXP 2004 窗口右上角的关闭程序按钮 时，系统会打开如图 1-4-11 所示的"Confirm Save for（3）Modified Documents"对话框，提醒用户选择应该保存对项目文件的更改，该对话框名称中的"（3）"表示有 3 个文档已被更改，需要保存。

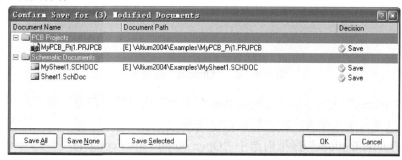

图 1-4-11　"Confirm Save for（3）Modified Documents"对话框

1.4.2　项目选项设置

建立一个项目文件后需要根据实际情况对项目的设置进行调整，项目设置调整的方法如下。

（1）如图 1-4-12 所示，选择主菜单"Project"→"Project Options…"命令，打开如图 1-4-13 所示的"Options for PCB Project MyPCB_Prj1.PRJPCB"对话框。

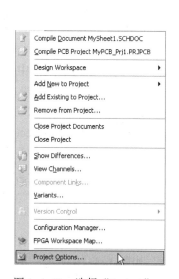

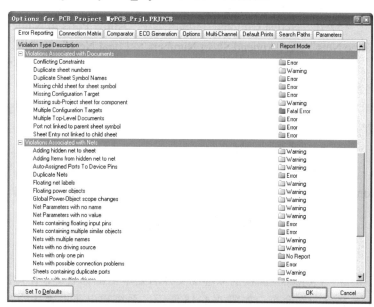

图 1-4-12　选择"Project"→　　　图 1-4-13　"Options for PCB Project MyPCB_ Prj1.PRJPCB"
　　　　　　"Project Options…"命令　　　　　　　　　　对话框

（2）在该对话框里选择"Options"选项卡，如图 1-4-14 所示。

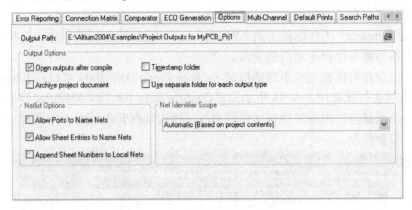

图 1-4-14 "Options"选项卡

（3）在"Options"选项卡的"Output Path"文本框内设置当前设计项目产生的输出文件和编译元件库包文件生成集成库时的默认输出路径。

（4）在"Output Options"区域内选中"Open outputs after compile"、"Timestamp folder"、"Archive project document"或"Use separate folder for each output type"复选框。

① 选中"Open outputs after compile"复选框后，系统在编译完成后会自动打开生成的文件。

② 选中"Timestamp folder"复选框后，系统会自动在生成的项目文件夹上注明日期和时间。

③ 选中"Use separate folder for each output type"复选框后，系统会使用不同的文件夹保存生成的不同类型的文件。

④ 选中"Archive project document"复选框后，系统将自动存档打开的设计项目。

（5）在"Netlist Options"区域内选中"Allow Ports to Name Nets"、"Allow Sheet Entries to Name Nets"或"Append Sheet Numbers to Local Nets"复选框。

① 选中"Allow Ports to Name Nets"复选框后，与"Port"相关的网格中将使用"Port"名称，而不是系统产生的网络名。

② 选中"Allow Sheet Entries to Name Nets"复选框后，与"Sheet Entry"相关的网格中将使用"Sheet Entry"名称，而不是系统产生的网络名。

③ 选中"Append Sheet Numbers to Local Nets"复选框后，子网名称中将附加图纸号。

（6）在"Net Identifier Scope"区域的下拉列表框内选择"Automatic（Based on project contents）"选项，设定网络基于项目内容自动定义，然后单击"OK"按钮。

1.4.3　从工程项目中移出文件

1. 第一种情况：要移出的文件已经关闭

在"Projects"面板的原理图文件名处单击鼠标右键，在弹出的快捷菜单中选择"Remove from Project"命令，如图 1-4-15 所示，系统弹出要求确认的对话框，如图 1-4-16 所示，单击"Yes"按钮即将该文件（Sheet1.SchDoc）从 Sheet1.PRJPCB 项目中移出，但并未从磁盘中删除。

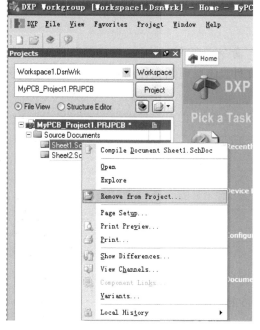

图 1-4-15　移出项目中的文件　　　　图 1-4-16　要求确认移出项目中文件的对话框

2．第二种情况：要移出的文件处于打开状态

在"Projects"面板的文件名处单击鼠标右键，在弹出的快捷菜单中选择"Remove from Project"命令，系统弹出要求确认的对话框，单击"Yes"按钮，即将该文件从 Sheet1.PRJPCB 项目中移出。

此时，该文件仍处于打开状态，但文件已变成自由文档，如图 1-4-17 所示。

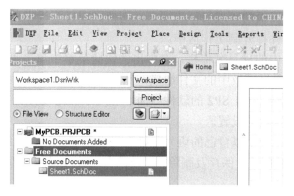

图 1-4-17　打开的文件从项目中移出后的情况

1.4.4　将文件加入工程项目中

首先，打开文件要加入的工程项目 MyPCB.PRJPCB。

在"Projects"面板的文件名处单击鼠标右键，在弹出的快捷菜单中选择"Add Existing to Project"命令，然后选择需要加入的文件，单击"打开"按钮即可。

1.4.5　创建自由文档

选择菜单"File"→"New"→"Schematic"命令，在"Free Documents"（自由文档）文件夹下包含一个名为 Sheet1.SchDoc 的原理图文件，该原理图文件同时在工作窗口被打开，如图 1-4-18 所示。

选择菜单"File"→"Save"命令，进行保存。

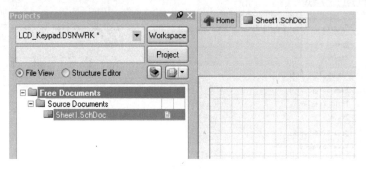

图 1-4-18　建立属于自由文档的原理图文件

练习题 1

1.1　Protel DXP 2004 SP2 设计系统由哪几部分组成？

1.2　启动 Protel DXP 2004 SP2 的方法有哪几种？

1.3　Protel DXP 2004 SP2 中工作面板的显示方法有哪几种？如何改变这几种显示方法？

1.4　用双击项目文件的启动方法启动 Protel DXP 2004 SP2。

1.5　单击左边工作面板的"项目"选项卡，切换到项目面板显示。

1.6　把 4 个设计文件打开到工作区中。

1.7　右击工作面板中的项目名称栏，在弹出的快捷菜单中单击"Close Project"命令关闭所打开的项目，观察项目面板中的文件组成，然后退出 Protel DXP 2004 SP2。

1.8　熟悉 Protel DXP 2004 SP2 的软件界面，练习个性化设置、工具栏的设置、工作窗口的使用、状态栏和标签栏的设置。

1.9　在 D 盘上建立一个以自己的班号、姓名为目录名的目录。练习设计项目的建立及保存，设计项目中文件的创建、保存及删除，以及已有设计项目或文件的打开和关闭等操作。

第2章

原理图的设计

Protel DXP 2004 SP2 主界面与 Protel 99 SE 的区别较大，Protel DXP 2004 SP2 的主要特点之一就是有一个功能强大的原理图编辑器，使用起来简单、方便、实用。本章主要通过实例，介绍在原理图编辑器中设置图纸及环境参数、绘制原理图的基本方法。

教学导航

教	知识要点	1. 原理图的设计流程和基本原则
		2. 元件符号及元件库
		3. 复合式元件
		4. 总线
学	技能要点	1. 原理图图纸的设置
		2. 原理图设计环境的设置
		3. 元件库的加载
		4. 元件及电源的放置
		5. 导线的绘制
		6. 总线结构原理图的绘制
		7. 图形工具栏的使用
		8. 原理图电气规则检查
		9. 报表生成及原理图输出

2.1　原理图的一般设计方法

2.1.1　原理图的一般设计流程

原理图设计是电路设计的基础，只有在设计好原理图的基础上才可以进行印制电路板的设计和电路仿真等。本章详细介绍了如何设计电路原理图、编辑修改原理图。通过本章的学习，掌握原理图设计的过程和技巧。电路原理图的设计流程包含 8 个具体的设计步骤：

（1）新建工程项目。新建一个 PCB 工程项目，PCB 设计中的文件都包含在该项目下。

（2）新建原理图文件。在进入 SCH 设计系统之前，首先要构思好原理图，即必须知道所设计的项目需要哪些电路来完成，然后用 Protel DXP 画出电路原理图。

（3）设置工作环境。根据实际电路的复杂程度来设置图纸的大小。在电路设计的整个过程中，图纸的大小都可以不断地调整，设置合适的图纸大小是完成原理图设计的第一步。

（4）放置元件。从组件库中选取组件，布置到图纸的合适位置，并对元件的名称、封装进行定义和设定，根据组件之间的走线等联系对元件在工作平面上的位置进行调整和修改，使得原理图美观而且易懂。

（5）原理图布线。根据实际电路的需要，利用 SCH 提供的各种工具、指令进行布线，将工作平面上的器件用具有电气意义的导线、符号连接起来，构成一幅完整的电路原理图。

（6）原理图电气检查。当完成原理图布线后，需要设置项目选项来编译当前项目，利用 Protel DXP 提供的错误检查报告修改原理图。

（7）编译和调整。如果原理图已通过电气检查，就可以生成网络表，完成原理图的设计了。对于一般电路设计而言，尤其是较大的项目，通常需要对电路进行多次修改才能够通过电气检查。

（8）生成网络表文件。完成上面的步骤以后，可以看到一张完整的电路原理图，但是要完成电路板的设计，则需要生成一个网络表文件。网络表是电路板和电路原理图之间的重要纽带。Protel DXP 提供了利用各种报表工具生成的报表（如网络表、组件清单等），同时可以对设计好的原理图和各种报表进行存盘和输出打印，为印制电路板的电路设计做好准备。

2.1.2　原理图设计的基本原则

一张好的原理图，不但要求引脚连线正确，没有错连、漏连，还要求美观清晰，信号流向清楚，标注正确，可读性强。原理图设计一般遵循如下基本原则。

（1）以模块化和信号流向为原则摆放元件，使设计的原理图便于分析电路功能和原理。

（2）同一模块中的元件尽量靠近，不同模块中的元件稍微远离。

（3）不要有过多的交叉线、过远的平行连线。充分利用总线、网络标签和电路端口等电气符号，使原理图清晰明了。

2.2 原理图编辑器

2.2.1 进入原理图编辑器

在工程项目中建立原理图文件进入原理图编辑器。

（1）按照第 1 章中介绍的方法在指定路径下建立一个文件夹，在刚建立的文件夹下新建一个工程项目文件。如图 2-2-1 所示为新建了一个名为"DXPch2.PRJPCB"的工程文件。

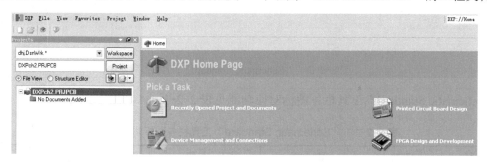

图 2-2-1 新建的"DXPch2.PRJPCB"工程

（2）在如图 2-2-1 所示的界面中选择菜单"File"→"New"→"Schematic"命令，或在"DXPch2.PRJPCB"名称上单击鼠标右键，在弹出的快捷菜单中选择"Add New to Project"→"Schematic"命令，则在左边的"Projects（项目）"面板中出现了"Sheet1.SchDoc"文件名，同时在右边打开了一个原理图文件。

（3）继续选择菜单"File"→"Save"命令，系统弹出保存原理图文件的对话框，选择工程项目文件"DXPch2.PRJPCB"所在文件夹，并将该原理图文件命名为"shili1.SchDoc"，单击"保存"按钮。

2.2.2 认识原理图编辑器界面

原理图编辑器界面如图 2-2-2 所示。

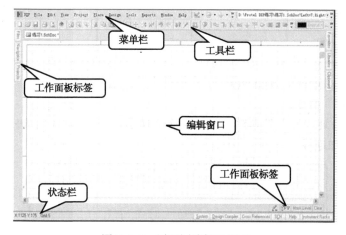

图 2-2-2 原理图编辑器界面

1．菜单栏

原理图编辑器界面的菜单栏中有 10 个菜单，即"File（文件）"菜单、"Edit（编辑）"菜单、"View（视图）"菜单、"Project（项目）"菜单、"Place（放置）"菜单、"Design（设计）"菜单、"Tools（工具）"菜单、"Reports（报告）"菜单、"Window（窗口）"菜单、"Help（帮助）"菜单。

2．工具栏

（1）"Schematic Standard"工具栏如图 2-2-3 所示。

图 2-2-3 "Schematic Standard"工具栏

"Schematic Standard"工具栏各图标对应功能见表 2-2-1。

表 2-2-1 "Schematic Standard"工具栏各图标对应功能

图 标	对 应 功 能	图 标	对 应 功 能	图 标	对 应 功 能
	"新建"按钮		"打开"按钮		"保存"按钮
	"打印"按钮		"打印预览"按钮		"显示画面上的全部对象"按钮
	"显示选定区域"按钮		"放大选中对象"按钮		"剪切"按钮
	"复制"按钮		"粘贴"按钮		"放置选中对象"按钮
	"选择区域内所有对象"按钮		"移动已选择对象"按钮		"清除选中状态"按钮

打开和关闭"Schematic Standard"工具栏的方法：选择菜单"View"→"Toolbars"→"Schematic Standard"命令。

（2）"Wiring（连线）"工具栏，如图 2-2-4 所示。该工具栏内的快捷按钮用于在原理图中放置元件和添加连线。

图 2-2-4 "Wiring"工具栏

（3）"Utilities"工具栏，如图2-2-5所示。

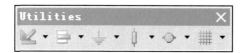

图2-2-5 "Utilities"工具栏

"高级绘图工具"图标 ：单击该图标右侧的下拉箭头，会出现"高级绘图"工具栏的各命令按钮，如图2-2-6所示。其中主要是文字标注和图形编辑等命令按钮。

"对齐工具"图标 ：单击该图标右侧的下拉箭头，会出现"对齐"工具栏的各命令按钮，如图2-2-7所示。

图2-2-6 "高级绘图"工具栏

图2-2-7 "对齐"工具栏

"电源、接地符号"图标 ：单击该图标右侧的下拉箭头，会出现"电源、接地符号"工具栏，其中包含不同形式的电源、接地符号，如图2-2-8所示。

"常用元件"图标 ：单击该图标右侧的下拉箭头，会出现"常用元件"工具栏，其中包含各种常用元件符号，如电阻、电容、各种门电路和集成电路符号等，如图2-2-9所示。

图2-2-8 "电源、接地符号"工具栏

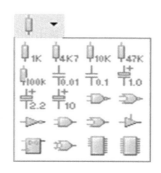

图2-2-9 "常用元件"工具栏

"仿真信号源"图标 ：单击该图标右侧的下拉箭头，会出现"仿真信号源"工具栏，其中包含常用仿真信号源，如直流信号、正弦波、矩形波等，如图2-2-10所示。

"栅格"图标 ：单击该图标右侧的下拉箭头，会出现"栅格"工具栏，其中包含各种栅格操作（如可视栅格、锁定栅格、电气栅格等的设置）的命令，如图2-2-11所示。

打开和关闭"Utilities"工具栏的方法是：选择菜单"View"→"Toolbars"→"Utilities"命令。

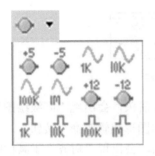

图 2-2-10 "仿真信号源"工具栏

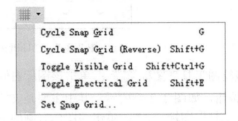

图 2-2-11 "栅格"工具栏

3. 原理图编辑器的画面管理

通过"View"菜单可以对原理图编辑器的画面进行管理。

1）放大画面

选择菜单"View"→"Zoom In"命令或按"Page Up"键。

2）缩小画面

选择菜单"View"→"Zoom Out"命令或按"Page Down"键。

3）改变画面显示比例

选择菜单"View"命令，在下一级菜单中直接选择显示比例即可。

4）显示全部内容

选择菜单"View"→"Fit All Objects"命令或单击"Schematic Standard"工具栏中的图标，图纸上的全部内容都显示在工作窗口中间。

5）放大指定区域

下面以将标题栏放大到屏幕中间为例介绍操作步骤。

选择菜单"View"→"Area"命令或单击"Schematic Standard"工具栏中的 图标，用十字光标在标题栏的一个顶点外侧单击鼠标左键，移动光标到另一对角线位置，此时光标画出一个虚线框，将标题栏全部框在虚线框内后，在对角线位置单击鼠标左键（确定放大区域），则标题栏放大到充满工作窗口，如图 2-2-12 所示。

Title			
Size	Number		Revision
A4			
Date:	2015/11/23	Sheet of	
File:	E:\DXP 2004 SP2教材\Sheet1.SchDoc	Drawn By:	

4

图 2-2-12 放大指定区域

2.3　原理图设计环境设置

2.3.1　图纸的设置

选择菜单"Design"→"Document Options"命令或在图纸区域内单击鼠标右键，在弹出的快捷菜单中选择"Options"→"Document Options"命令。"Document Options"命令对话框如图 2-3-1 所示。

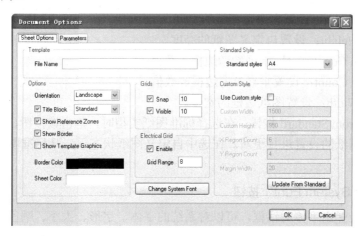

图 2-3-1　"Document Options"对话框

1."Template"区域

该区域显示当前原理图使用的模板文件。

2."Options"区域

（1）Orientation：设置图纸的放置方向，共有两个选项，Landscape（横向放置）和 Portrait（纵向放置）。

（2）Title Block：设置是否显示图纸标题栏。

（3）Show Reference Zones：设置是否显示图纸的参考边框。

（4）Show Border：设置是否显示图纸的边框。

（5）Show Template Graphics：设置是否显示图纸模板的图形信息。

（6）Border Color：设置图纸边框的颜色。

（7）Sheet Color：设置图纸的背景颜色。

3."Grids"区域

（1）Snap：用于锁定网格的设置，选定该项可使光标以该项右侧窗口中显示的数值为基本单位移动。

（2）Visible：用于设置图纸上是否显示可视网格，其右侧窗口的数值表示可视网格的间距。

4."Electrical Grid"区域

该区域用来设置自动寻找电气节点的功能。如果选中"Enable"复选框，则系统在画导线时，会以光标为中心，以"Grid Range"栏中设定的值为半径，自动搜索电气节点。当光标移到电气节点附近（在以"Grid Range"文本框中设定的值为半径的范围内），光标会自动跳到电气节点上。

5．"Standard Style"区域

该区域用来进行标准图纸的设置。

6．"Custom Style"区域

用于自定义图纸的设置。

（1）Custom Width：设置自定义图纸的宽度。

（2）Custom Height：设置自定义图纸的高度。

（3）X Region Count：设置水平参考边框等数值。

（4）Y Region Count：设置垂直参考边框等数值。

（5）Margin Width：设置图纸边框的宽度。

（6）Update From Standard 按钮：在选择标准图纸类型时，单击该按钮，可以用标准图纸的尺寸对自定义图纸的设置进行更新。在选中自定义图纸状态下，从标准图纸中更新数据无效。

7．"Change System Font"按钮

单击该按钮会弹出字体对话框，可以对系统的字体、字形、大小、颜色等进行设置。

2.3.2 环境参数的设置

选择菜单"Tools"→"Schematic Preferences"命令或在图纸区域内单击鼠标右键，在弹出的快捷菜单中选择"Options"→"Schematic Preferences"命令，弹出参数选择对话框，如图 2-3-2 所示。

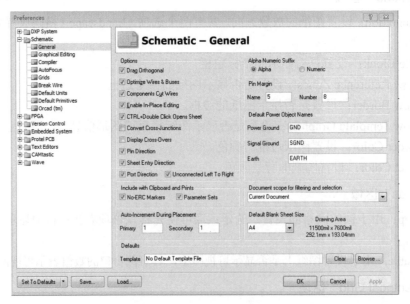

图 2-3-2　参数选择对话框

1．"General"标签页

1）"Options"区域

主要用来设置原理图中导线连接的一些功能。

（1）Drag Orthogonal：设置元件在进行拖动操作时，导线的连接方式。选中该项，则在对原理图上的元件进行拖动操作时，元件上的连线保持正交性（连线转折处呈 90°角）；否则拖动元件时连线以任意角度移动。

（2）Optimize Wires & Buses：优化导线和总线。选中该复选框，在进行导线和总线连接时，系统会自动选择最优路径，并避免各种电气连线和非电气连线的相互重叠。

（3）Components Cut Wires：该项只有在"Optimize Wires & Buses"复选框选中的情况下才能进行选择，选中该复选框后，元件具有自动切割导线的功能。

（4）Enable In-Place Editing：设置是否允许直接编辑。选中该复选框时可以对原理图中的文本对象进行直接编辑。

（5）CTRL + Double Click Opens Sheet：如果选中该复选框，则在进行层次原理图设计时，按住"Ctrl"键，同时双击原理图中的方块电路，即可打开相应的模块原理图。

（6）Convert Cross-Junctions：设置是否允许转换交叉节点。选中该复选框，则向三根导线的交叉处再添加一根导线时，系统自动将四根导线的连接形式转换为两个三线的连接。

不选此复选框，则四根导线将被视为两根不相交的导线。

（7）Display Cross-Overs：设置是否显示跨接线。选中该复选框，非电气连线的十字交叉处会以半圆弧形式显示跨接状态。

（8）Pin Direction：设置是否显示引脚方向。选中该复选框，则元件的引脚会以三角箭头表示出引脚的输入/输出特性。

（9）Sheet Entry Direction：在层次原理图设计中，设置是否显示方块电路端口的入口方向。选中该复选框时，端口的类型由其输入、输出特性决定，与"Style"栏的设置无关。

（10）Port Direction：设置是否显示端口的入口方向。选中该复选框时，端口类型由其输入、输出特性决定，与"Style"栏的设置无关。

（11）Unconnected Left To Right：选中该复选框时，未连接的输入、输出端口显示为从左到右的方向。

2）"Include with Clipboard and Prints"区域

该区域用来设置在进行复制、剪切或打印操作时，是否将以下内容一同复制或打印。

（1）No-ERC Markers： No-ERC 标记。

（2）Parameter Sets：对象的参数设置。

3）"Auto-Increment During Placement"区域

（1）Primary：设置在原理图上连续放置某一元件时，元件序号的自动增量数。

（2）Secondary：设置绘制原理图元件时，引脚编号的自动增量数。

4）"Alpha Numeric Suffix"区域

该区域用于设置多个元件标号的后缀类型。如果选中"Alpha"，则以字母 A、B 等表示后缀；如果选择"Numeric"，则以数字 1、2 等表示后缀。

5）"Pin Margin"区域

（1）Name：设置元件的引脚名称与元件符号边缘的间距。

（2）Number：设置元件的引脚编号与元件符号边缘的间距。

6）"Default Power Object Names"区域

该区域用来设置不同类型电源端子的默认网络名称，包括三个选项："Power Ground（电源地）"、"Signal Ground（信号地）"和"Earth（地）"。

7）"Document scope for filtering and selection"区域

该区域用来设置过滤器和执行选择功能的默认文件范围，共有两个选项："Current Document（当前文档）"和"Open Documents（所有打开的文档）"。

8）"Default Blank Sheet Size"区域

该区域用来设置新建原理图文件时默认空白图纸的大小。可以从下拉列表中选择图纸规格。

9）"Defaults Template"区域

该区域用来设置默认的图纸模板文件，单击右边的"Browse"按钮，可以在打开的对话框中选择图纸模板文件。当一个模板文件被设置为默认值后，每次创建一个原理图文件时，系统会自动套用该模板。

2．"Graphical Editing"标签页

该标签页用来设置与图形编辑有关的参数，如图 2-3-3 所示。

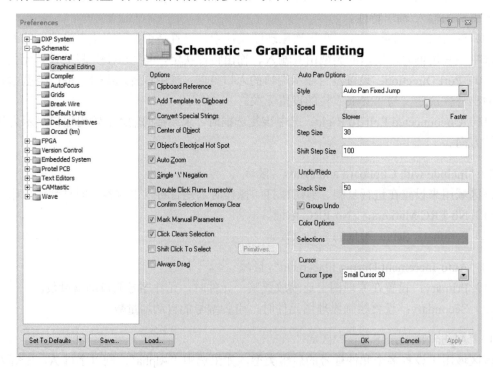

图 2-3-3　"Graphical Editing"标签页

1）"Options" 区域

（1）Clipboard Reference：选中该复选框，在执行复制或剪切操作时，系统会要求通过鼠标确定一个参考点。

（2）Add Template to Clipboard：设置在执行复制或剪切操作时，是否将图纸的模板文件信息一同添加到剪贴板上，通常不选此复选框。

（3）Convert Special Strings：设置是否转换特殊字符串。选中该复选框，当原理图中放置特殊字符串时，会转换成相应的内容显示在原理图中。

（4）Center of Object：当移动或拖动对象时，光标是否会跳到对象的参考点或中心。该复选框必须在取消对 "Object's Electrical Hot Spot" 复选框的选择后，才能起作用。

（5）Object's Electrical Hot Spot：选中该复选框，在移动或拖动对象时，光标会跳到距离鼠标单击位置最近的电气点移动对象。

（6）Auto Zoom：设置插入组件时，原理图是否可以自动调整显示比例，以适合显示该组件。

（7）Single'\'Negation：选中该复选框，则在输入网络名称时，只要在第一个字符前加一个 "\" 符号，就可以在网络名称上全部加横线。

（8）Double Click Runs Inspector：选中该复选框，则用鼠标双击原理图上某一对象时，弹出的不是该对象的属性对话框，而是 Inspector 对话框。

（9）Confirm Selection Memory Clear：选中该复选框，在清除所选内容所占内存时，系统会弹出一个确认对话框。

（10）Mark Manual Parameters：设置是否显示参数自动定位被取消的标记点。

（11）Click Clears Selection：设置鼠标单击图纸任意位置时是否取消被选取的对象。

（12）Shift Click To Select：设置是否在按住 "Shift" 键时单击鼠标才能选取对象。

2）"Color Options" 区域

该区域用来进行颜色的设置，包括两个颜色设置项，"Selections" 用来设置被选取对象在屏幕上的显示颜色。

3）"Auto Pan Options" 区域

该区域用于设置自动摇景（编辑区的移动方式）功能。摇景在光标呈十字形并处于窗口边缘时自动产生，等同于屏幕滚动。

（1）Style：用于设置自动摇景的类型，共有 3 种选择，即 Auto Pan Off（关闭自动摇景功能）；Auto Pan Fixed Jump（摇景时光标始终在窗口的边缘）；Auto Pan ReCenter（摇景时光标随即跳到窗口的中央）。

（2）Speed：设置自动摇景速度，滑块右移，摇景速度变快。

（3）Step Size：设置摇景步长，系统默认值为 30。

（4）Shift Step Size：设置摇景时按下 "Shift" 键后的摇景步长，系统默认值为 100。摇景时按下 "Shift" 键，可以加快图纸移动速度。

4）"Cursor" 区域

用来设置光标类型。

Cursor Type：用来设置光标类型，共有 4 个选项，即 Large Cursor 90（大 90°光标；Small Cursor 90（小 90°光标）；Small Cursor 45（小 45°光标）；Tiny Cursor 45（极小 45°光标）。

5）"Undo/Redo"区域

该区域用来设置撤销与恢复操作的次数，默认数值为 50 次。

3．"Grid"标签页

该标签页的"Grid Options"区域如图 2-3-4 所示。

"Visible Grid"下拉列表用于设置可视栅格类型。在设计原理图时，图纸上的栅格为元件定位、线路连接等工作带来了极大的方便。该下拉列表中共有两个选项，分别代表两种不同形状的栅格，"Line Grid"选项表示线状栅格，"Dot Grid"选项表示点状栅格。需要注意的是，用户必须在"Document Options"选项中将栅格设为可视，否则在原理图文档中不会显示栅格。

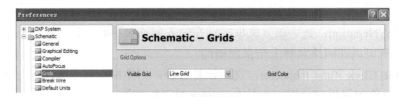

图 2-3-4　"Grid"标签页的"Grid Options"区域

项目 1　绘制共发射极放大电路

本节通过绘制如图 2-3-5 所示的共发射极放大电路，讲解简单原理图的绘制。

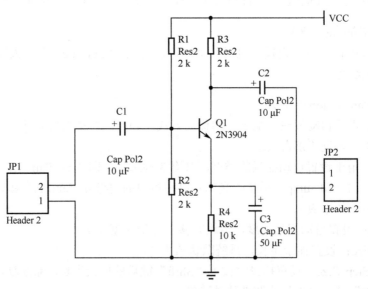

图 2-3-5　共发射极放大电路

首先建立一个专门的文件夹，然后按照前面介绍的创建设计项目和文件的方法，创建一个项目文件，并保存在该文件夹中，然后在该项目文件中创建一个原理图文件。

1．加载元件库

1）直接加载元件库的步骤

（1）打开元件库"Libraries"面板。

在原理图文件中单击屏幕右下角的"System"选项卡，然后选择"Libraries"命令，如图 2-3-6 所示。

选择菜单"Design"→"Browse Library"命令也可以打开"Libraries"面板。

（2）加载元件库。

① 在"Libraries"面板中，单击"Libraries"面板上方的"Libraries"按钮打开如图 2-3-7 所示的"Available Libraries"对话框。

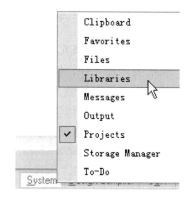

图 2-3-6　打开"Libraries"面板的操作

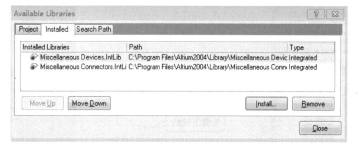

图 2-3-7　"Available Libraries"对话框

② 选择"Installed"选项卡，此时在"Installed Libraries"列表中显示系统默认加载的两个元件库名。

③ 单击"Install"按钮，打开如图 2-3-8 所示的"打开"对话框。

图 2-3-8　"打开"对话框

④ 在"打开"对话框中选择需添加的元件库文件，本例中选择"Altium\Library\Philips\"目录下的"Philips Microcontroller 8-Bit.IntLib"文件，单击"打开"按钮，将该元件库添加到"Available Libraries"对话框的列表中。

⑤ 单击"Available Libraries"对话框中的"Close"按钮，即完成元件库的加载。

加载元件库后，"Libraries"面板自动将新加载的元件库作为当前元件库，列出该元件库中的元件列表，如图 2-3-9 所示即为加载的"Philips Microcontroller 8-Bit.IntLib"元件库。

2）搜索方式加载元件库

在需要添加元件，但不知道元件所处的具体元件库的情况下，可利用 Protel DXP 2004 提供的搜索功能来加载元件库，步骤如下。

（1）要查找的晶体管为 NPN 三极管。单击主界面右侧的"Libraries"标签，显示元件库窗口，如图 2-3-10 所示。

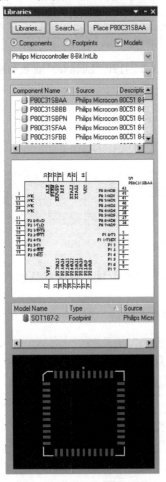

图 2-3-9　"Philips Microcontroller 8-Bit.IntLib"元件库

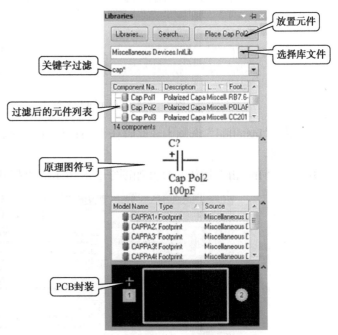

图 2-3-10　元件库窗口

（2）在该窗口中按下"Search"按钮，或选择"Tools"→"Find Component"命令，打开查找库对话框，如图 2-3-11 所示。

（3）确认"Scope"区域中选择"Libraries on path"单选项，并且"Path"区域含有指向库的正确路径，即 C:\Program Files\Altium2004\Library。确认"Include Subdirectories"复选框未被选择。

（4）在"Libraries Search"文本框内输入"*2N3904*"。单击"Search"按钮开始查找。当查找进行时将显示"Results"标签。如果输入的规则正确，那么会找到一个库并显示在查找库对话框中，如图 2-3-12 所示。

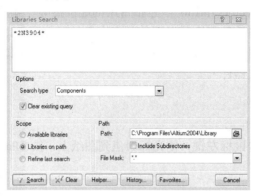

图 2-3-11　元件查找对话框

（5）单击图 2-3-12 右上角的 Place 2N3904 （或者双击图 2-3-12 中的 2N3 NPN General Purpo Miscellan BCY-W3/ ）弹出是否确认安装库文件的对话框，如图 2-3-13 所示（如果该库不在项目中，则单击"Yes"按钮确认安装该元件所在的库文件，使这个库在原理图中可用）。

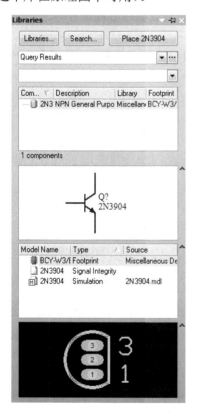

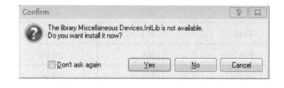

图 2-3-12　查找 2N3904 的结果　　　　图 2-3-13　是否确认安装库文件的对话框

常用元件库：

"Miscellaneous Devices.IntLib"，包括常用的电路分立元件，如电阻 RES*、电感 Induct、电容 Cap*等。

"Miscellaneous Connectors.IntLib"，包括常用的连接器等，如 Header*。

另外，其他集成电路元件包含于以器件厂家命名的元件库中，因此要根据元件性质及厂家到对应库中寻找或用搜索的方法加载元件库（如果已经知道器件所在库文件，则可直接安装对应元件库，选取器件）。

2．放置元件

1）调整图纸画面大小

在原理图图纸上单击鼠标左键，使光标聚焦到图纸上，按"Page Up"键直到画面上显示栅格。

2）第一种放置元件方法

（1）选择菜单"Place"→"Part"命令或按两次"P"键或在"Wiring"工具栏中单击"放置元件"图标 ⟳，弹出"Place Part"（放置元件）对话框，如图 2-3-14 所示。

图 2-3-14 中各元件属性如下。

① Lib Ref（元件名称）：元件符号在元件库中的名字。

② Designator（元件标号）：元件在原理图中的序号，如 R1、C1 等。

③ Comment（元件标注）：如电阻阻值、电容容量、集成电路芯片型号等。

④ Footprint（元件封装）：元件的外形名称。

（2）按照表 2-3-1，将 R1 的属性值分别输入各自属性旁边的文本框中，然后单击"OK"按钮，光标变成十字形，并且元件符号随光标移动。

表 2-3-1　元件及其属性

元件名称 （Library Ref）	元件标号 （Designator）	元件值 （Value）
Res2	R1	2 kΩ
Res2	R2	2 kΩ
Res2	R3	2 kΩ
Res2	R4	10 kΩ
Cap Pol2	C1	10 μF
Cap Pol2	C2	10 μF
Cap Pol2	C3	50 μF
2N3904	Q1	—
Header 2	JP1	—
Header 2	JP2	—

图 2-3-14　"Place Part"对话框

（3）此时，可按"Space"键旋转方向，按"X"键水平翻转，按"Y"键垂直翻转，确定方向后，在适当位置单击鼠标左键放置好一个元件。此时，仍有一个电阻符号随光标移动，可继续放置。如果单击鼠标右键，则继续弹出"Place Part"对话框，重复上述步骤放置其他元件，单击"Cancel"按钮退出。

（4）如果元件放置后仍需移动或改变方向，则可在元件符号上按住鼠标左键移动位置；在元件符号上按住鼠标左键后按"Space"键旋转方向，按"X"键水平翻转，按"Y"键垂直翻转，以改变方向。

3）第二种放置元件方法

以放置电容 C1 为例。

（1）在图 2-3-10 的"选择库文件"处选择"Miscellaneous Devices.IntLib"（C1 所在元件库）。

（2）在图 2-3-10 的"关键字过滤"处输入"C*"（Cap Pol2 的开头字母），则在元件浏览区中显示所有以 C 开头的元件。

（3）从图 2-3-10 的"过滤后的元件列表"中选择"Cap Pol2"，然后单击"Place Cap Pol2"按钮，如图 2-3-15 所示，光标变成十字形，并且元件符号随光标移动。然后按照第一种放置元件方法中（3）介绍的方法进行操作。

图 2-3-15　第二种放置元件的方法

按表 2-3-1 放置其他元件并编辑元件的属性。

4）编辑已放置好的元件

（1）移动元件。如果元件已放置在图纸上，但位置不合适，则可在元件符号上按住鼠标左键并拖动。

（2）改变元件方向。在已放置好的元件符号上按住鼠标左键，再按"Space"键、"X"键、"Y"键，可改变方向。

（3）移动元件标号或标注。对于已放置好的元件，有时其标号或标注放置的位置不合适，需单独移动。移动方法是在元件标号或标注上按住鼠标左键并拖动。

（4）改变元件标号或标注方向。在元件标号或标注上按住鼠标左键，再按"Space"键、"X"键、"Y"键。

（5）编辑元件属性。双击元件符号，在弹出的属性对话框中进行修改。

3. 放置电源和接地符号

1）第一种方法

（1）选择菜单"Place"→"Power Port"命令或在"Wiring"工具栏中单击"电源符号"图标，则一个电源（接地）符号出现在光标上且随光标移动。

（2）按"Tab"键，弹出"Power Port"（电源符号）对话框，如图 2-3-16 所示。

① Net：电源、接地符号的网络标号，如电源符号中的 VCC、+5V 等，对于接地符号，在本教材中一定要输入 GND，无论其是否显示。

② Style：电源、接地符号的各种显示形式，单击右侧的下拉按钮，显示如图 2-3-17 所示的显示形式列表。

③ Color：电源、接地符号的显示颜色，单击"Color"右侧的颜色块，在弹出的调色板中选择所需颜色即可。

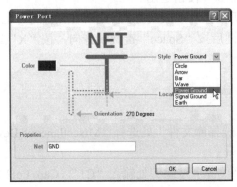

图 2-3-16 "Power Port"（电源符号）对话框

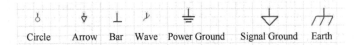

图 2-3-17 电源、接地符号的各种显示形式

（3）在对话框中进行如下设置。

在"Net"文本框中输入"GND"，单击"Style"右侧的下拉按钮，从中选择"Power Ground"，单击"OK"按钮。

（4）单击"Space"键旋转方向，单击鼠标左键进行放置，单击鼠标右键退出放置状态。

2）第二种方法

（1）单击"Utilities"工具栏中的下拉按钮，在下拉菜单中选择相应的电源、接地符号形式，按"Tab"键在"Power Port"（电源符号）对话框中修改属性。

（2）单击鼠标左键进行放置。

4．绘制导线

在绘制原理图的过程中，可以使用导线将电气关系上相连的两个点连接起来。在原理图中绘制导线的步骤如下。

（1）单击"Wiring"工具栏中的放置导线工具按钮，或者选择主菜单中的"Place"→"Wire"命令。光标自动变成"十"字形，表示系统处于放置导线状态。光标的具体形状与"Document Options"中的设置有关。

（2）将光标移动到欲放置导线的起点位置（一般是元件的引脚），若设置了电气栅格，则系统会自动定位到光标附近的元件引脚上，并会显示一个红色的连接标记（大的星形标记）在光标处，这表示光标在元件的一个电气连接点上。

（3）单击鼠标左键或按"Enter"键确定导线的起点。移动光标后，会有一条细线从所确定的第一个端点处延伸出来，直至光标所指位置。

（4）将光标移到导线的下一个折点，单击鼠标左键或按"Enter"键在导线上添加一个固定点，此时端点和固定点之间的导线就绘制好了。继续移动光标确定导线上的其他固定点，到达导线的终点后，先单击鼠标左键或按"Enter"键，确定该端点，然后单击鼠标右键或按"Esc"键，完成这一条导线的布置。

（5）移动光标，在图纸上布置其他导线，如果导线布置完毕，则单击鼠标右键或按"Esc"键，将光标恢复成箭头状态 。

默认的导线布置都是采用直角布置方式，系统为用户提供了 4 种布置导线模式，分别是"90degree"（90°）、"45degree"（45°）、"Any Angle"（自由角度）及"Auto Wire"（自动布线）模式，如图 2-3-18 所示。通过按"Shift+Space"组合键可以在各种模式间循环切换。

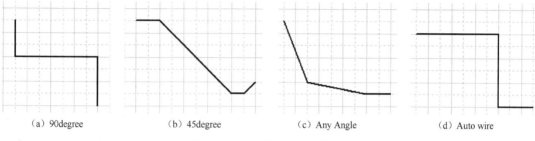

（a）90degree　　　　（b）45degree　　　　（c）Any Angle　　　　（d）Auto wire

图 2-3-18　4 种布线模式比较

项目 2　绘制具有复合式元件的原理图

1．复合式元件的概念

将含有多个相同单元电路的芯片称为复合式元件。如非门电路 74LS04，它有 14 个引脚，在一个芯片上包含 6 个非门，这 6 个非门元件名一样，只是引脚号不同，如图 2-3-19 中的 U1A、U1B 等。其中，引脚为 1、2 的图形称为第一单元，对于第一单元系统会在元件标号的后面自动加上 A；引脚为 3、4 的图形称为第二单元，对于第二单元系统会在元件标号的后面自动加上 B，其余同理。

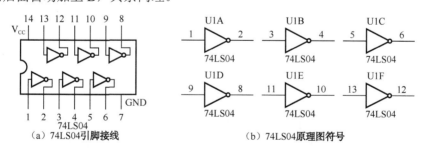

（a）74LS04 引脚接线　　　　　　（b）74LS04 原理图符号

图 2-3-19　74LS04 集成芯片

2．第一种复合式元件符号放置方法

（1）在原理图中加载 74LS04 所在的元件库"TI Logic Gate 2.IntLib"。

（2）按两次"P"键，在弹出的"Place Part"对话框中按如图 2-3-20 所示输入各属性值，"Part ID"文本框中的内容就是复合式元件的单元号，默认的单元号是 A，单击"Part ID"文本框右侧的下拉按钮，在"Part ID"的下拉列表中显示该元件共有几个单元，从中选择 B，如图 2-3-20 所示，单击"OK"按钮即可。

3．第二种复合式元件符号放置方法

在放置元件的过程中，当元件符号处于浮动状态时，按"Tab"键，调出如图 2-3-21 所示的"Component Properties（元件属性）"对话框，在"Properties"区域中单击"<"、">"按钮，使"Part"旁的数字显示为 2/6。Part 2/6 表示该元件共有 6 个单元，当前放置的是第二单元。

图 2-3-20　放置第二单元时的设置

图 2-3-21　在"Component Properties"对话框中进行放置第二单元的设置

项目 3　绘制总线结构原理图

绘制如图 2-3-22 所示的总线结构原理图。

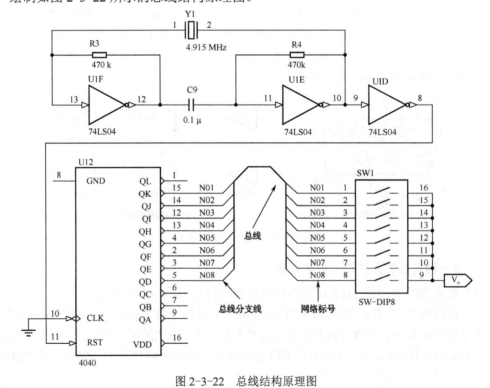

图 2-3-22　总线结构原理图

1. 总线结构的概念

在图 2-3-23 中，U12 与 SW1 之间的连接称为总线结构。总线是多条并行导线的集合。

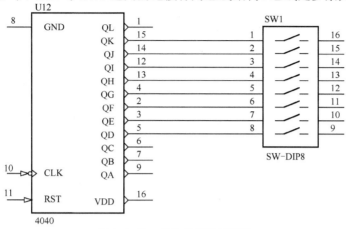

图 2-3-23 多条并行导线连接

2. 放置总线及总线进出点

总线（Bus）用一条线来代替数条并行的导线，使用总线可以简化原理图。但总线没有电气连接意义，必须使用由总线接出的各个单一导线上的网络标号（Net Label）来完成电气意义上的连接。在原理图中，具有相同网络标号的导线、引脚在电气上是相连的。因此，在绘制原理图时，可以用网络标号来定义某些网络，使它们具有电气连接的关系。

1）绘制总线

绘制总线的命令如下。

（1）菜单命令："Place"→"Bus"。

（2）单击布线工具栏图标 ⛝。

画总线的操作、总线属性对话框的设置与画导线相同。

2）放置总线分支线

画总线进出点命令如下。

（1）菜单命令："Place"→"Bus Entry"。

（2）布线工具栏图标 ⛝。

执行命令后，光标变成十字形，并带着总线进出点，此时按"Space"键可以改变其放置的方向，按"Tab"键可以打开总线进出点属性设置对话框，如图 2-3-24 所示。

3. 放置网络标号

在 Protel DXP 2004 中，具有相同网络标号的导线，无论在图纸上是否连接在一起，都被视为在电气上是相连的。网络标号一般在以下几种情况下使用。

（1）在绘制原理图过程中，由于连接线比较远或者走线比较困难，为了简化电路图，可以利用网络标号代替实际连线。

（2）在用总线表示一组导线之间的连接关系时，连接在总线上的各个导线只有通过放置相同名称的网络标号，才能实现真正意义上的电气连接。

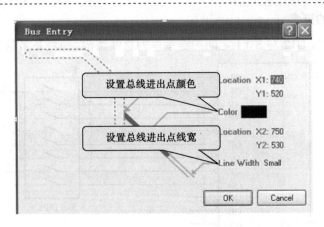

图 2-3-24　总线进出点属性设置对话框

（3）用于表示层次原理图或多重式电路各个模块之间的连接关系。

放置网络标号的命令如下。

① 菜单命令："Place"→"Net Label"。

② 布线工具栏图标。

在放置网络标号状态下，按"Tab"键打开"Net Label（网络标号）"对话框，如图 2-3-25 所示。

4．放置 I/O 端口

I/O 端口也可以描述导线与导线之间、导线与引脚之间的电气连接关系。特别是在层次原理图中，不同图纸上具有相同 I/O 端口名称的导线或元件引脚在电气上被认为是相连的。使用 I/O 端口表示元件引脚之间连接关系时，也指出了引脚信号的流向。

放置 I/O 端口的命令如下。

（1）菜单命令："Place"→"Port"。

（2）布线工具栏图标。

在放置 I/O 端口状态下，按"Tab"键，弹出"Port Properties（I/O 端口）"对话框，如图 2-3-26 所示。

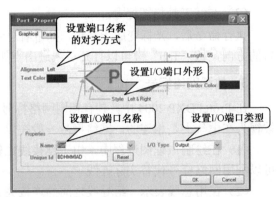

图 2-3-25　"Net Label（网络标号）"对话框　　图 2-3-26　"Port Properties（I/O 端口）"对话框

（1）I/O 端口的外形（Style）即 I/O 端口箭头的指向。共有 8 个选项：None（Horizontal）（水平无箭头）、Left（向左箭头）、Right（向右箭头）、Left & Right（左右双向箭头）、None（Vertical）（垂直无箭头）、Top（向上箭头）、Bottom（向下箭头）、Top & Bottom　（上下双向箭头）。

（2）I/O 端口的电气特性类型（I/O Type）共有 4 种：Unspecified（未指定或不确定）、Output（输出端口型）、Input（输入端口型）、Bidirectional（双向型）。

（3）端口名称在端口中的位置有 3 种：Center（居中）、Left（居左）、Right（居右）。

2.4　图形工具栏的使用

2.4.1　图形工具栏

单击图形工具栏的图标 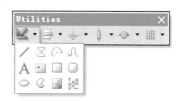，可以打开图形工具栏，如图 2-4-1 所示。

图形工具栏各图标功能及对应的菜单命令如表 2-4-1 所示。

图 2-4-1　图形工具栏

表 2-4-1　图形工具栏各图标功能及对应的菜单命令

图　标	功　能	Place 菜单中对应命令
╱	画直线	Drawing Tools/Line
⊠	画多边形	Drawing Tools/Polygon
⌒	画椭圆弧线	Drawing Tools/Elliptical Arc
∏	画贝塞尔曲线	Drawing Tools/Bezier
A	放置文字	Text String
▤	放置文本框	Text Frame
▭	画直角矩形	Drawing Tools/Rectangle
▢	画圆角矩形	Drawing Tools/Round Rectangle
◯	画椭圆及圆形	Drawing Tools/Ellipse
◖	画圆饼图	Drawing Tools/Pie Chart
▨	粘贴图片	Drawing Tools/Graphic
▦	阵列式粘贴组件	Edit/Paste Array

2.4.2　非电气图形符号制作

绘制如图 2-4-2 所示的图形。

1. 绘制直线

选择画直线命令，画直线的方法与画导线的操作完全相同，用画直线命令画出 X、Y 坐标轴及坐标箭头。

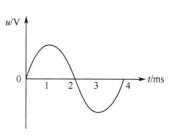

图 2-4-2　需绘制的图形

2．绘制正弦曲线

执行画贝塞尔曲线命令，绘制正弦曲线步骤如下。

（1）将光标移到正弦曲线的起点，单击鼠标左键固定。

（2）移动光标以确定曲线正半部分的顶点，单击鼠标左键。

（3）将光标移到水平坐标轴上，单击鼠标左键，使正弦波顶点固定，再次单击鼠标左键，固定正半周的波形。

（4）移动光标确定负半周曲线的顶点，方法与确定正半周顶点方法相同；最后将鼠标移到曲线的终点位置，双击鼠标左键，然后单击鼠标右键结束该段曲线的绘制。

绘制过程示图如图 2-4-3 所示

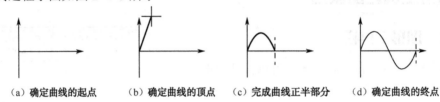

（a）确定曲线的起点　　　（b）确定曲线的顶点　　　（c）完成曲线正半部分　　　（d）确定曲线的终点

图 2-4-3　正弦曲线绘制过程示图

3．放置文字

选择放置文字命令"Place"→"Text String"，按"Tab"键，打开"Annotation（文字）"对话框，如图 2-4-4 所示。

输入文字后单击"OK"按钮，将文字放在合适的位置。按此方法完成坐标轴上标注文字的放置。

2.4.3　绘制椭圆弧线

选择画椭圆弧线的命令"Place"→"Drawing Tools"→"Elliptical Arc"，绘制椭圆弧线操作如下。

（1）移动光标确定椭圆弧线的圆心位置，单击鼠标左键固定圆心。

图 2-4-4　"Annotation（文字）"对话框

（2）再次移动光标可以改变椭圆弧线水平方向的半径，单击鼠标左键确定椭圆弧线的水平方向半径。

（3）移动光标，可以改变椭圆弧线的垂直方向半径，单击鼠标左键确定椭圆弧线垂直方向半径。

（4）移动光标确定椭圆弧线的起点位置，单击鼠标左键固定。

（5）移动光标确定椭圆弧线的终点位置，单击鼠标左键固定。

2.4.4　放置文本框

选择放置文本框命令"Place"→"Text Frame"，按"Tab"键，可以打开"Text Frame（文本框）"对话框，如图 2-4-5 所示。

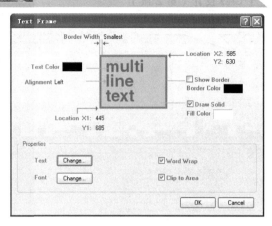

图 2-4-5　"Text Frame（文本框）"对话框

（1）输入文字：单击"Text"右侧的"Change"按钮，在弹出的对话框中输入相应文字。

（2）设置字体：单击"Font"右侧的"Change"按钮，在弹出的字体对话框中可以修改字体、字形、大小、颜色等信息。

2.5　原理图电气规则检查

Protel DXP 2004 提供的电气规则检查，是通过项目编译对原理图的电气连接特性进行自动检查来完成的，检查后产生的错误信息通过"Messages"工作面板给出。

2.5.1　电气规则检查的设置

选择菜单"Project"→"Project Options"命令，可以打开项目选项对话框。本节对错误报告（"Error Reporting"，用来设置各种电气连接错误指示的等级）和连接矩阵（"Connection Matrix"，用来设置各种引脚或端口之间连接时所构成的错误等级）两个选项卡进行介绍。"Error Reporting"选项卡如图 2-5-1 所示，"Connection Matrix"选项卡如图 2-5-2 所示。

图 2-5-1　"Error Reporting"选项卡

图 2-5-2　"Connection Matrix"选项卡

（1）"Violation Type Description"区域中列出的 6 种错误类别如下。

① Violations Associated with Buses：与总线相关的错误指示等级设置。

② Violations Associated with Components：与元件电气连接相关的错误指示等级设置。

③ Violations Associated with Documents：与文档相关的错误指示等级设置。

④ Violations Associated with Nets：与网络电气连接相关的错误指示等级设置。

⑤ Violations Associated with Others：与其他电气连接相关的错误指示等级设置。

⑥ Violations Associated with Parameters：与参数类型相关的错误指示等级设置。

（2）"Report Mode"　中列出了错误报告的级别，共有 4 个选项。

① No Report：不显示错误。

② Warning：警告。

③ Error：错误。

④ Fatal Error：致命错误。

"Set To Defaults"按钮可以使设置恢复到系统安装时的默认设置。

2.5.2　原理图的编译

选择菜单"Project"→"Compile Document *. SchDoc"命令。项目被编译后，原理图中的错误显示在"Messages"面板中。

打开"Messages"面板的方式如下。

（1）菜单命令："View"→"Workspace Panels"→"System"→"Messages"。

（2）在工作窗口中单击鼠标右键，在弹出的快捷菜单中选择"Workspace Panels"→"System"→"Messages"命令。

（3）单击窗口右下角的"System"选项卡，在弹出的菜单中选择"Messages"命令。

2.6 报表生成及原理图输出

2.6.1 生成网络表

1. 网络表生成命令

选择菜单"Design"→"Netlist For Document"→"Protel"命令后，系统立即为当前原理图创建网络表文件。此时，在"Project"工作面板中自动生成一个扩展名为".NET"的网络表文件。

2. 网络表的结构

网络表文件的结构可分为两部分，一是元件定义部分，二是网络定义部分。

（1）元件定义部分形式如下：

[	元件定义开始符号
C1	元件标号（Designator）
POLAR0.8	元件封装（Footprint）
Cap Pol2	元件注释（Comment）
]	元件定义结束符号

（2）网络定义部分形式如下：

(	网络定义开始符号
VCC	网络的名称
R1-1	连接到此网络的元件标号和引脚号
R2-2	连接到此网络的元件标号和引脚号
)	网络定义结束符号

2.6.2 生成元件列表

生成元件列表的步骤如下。

（1）选择生成元件列表的菜单命令"Reports"→"Bill of Materials"，系统弹出"Bill of Materials For Project"对话框，如图 2-6-1 所示。

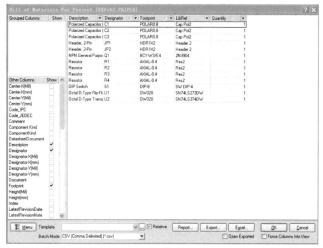

图 2-6-1 "Bill of Materials For Project"对话框

在图 2-6-1 中，元件清单中的栏目是"Description（元件描述）"、"Designator（元件标号）"、"Footprint（元件封装）"、"LibRef（元件名称）"、"Quantity（数量）"。

（2）改变列表中的显示栏目。

① 在列表中增加"Comment（元件标注）"：在"Bill of Materials For Project"对话框左侧"Other Columns（其他栏目）"区域中选中"Comment"复选框。

② 在列表中去掉"Description（元件描述）"：在"Bill of Materials For Project"对话框左侧"Other Columns（其他栏目）"区域中去掉"Description"复选框后面的"√"。

改变后的元件清单如图 2-6-2 所示。

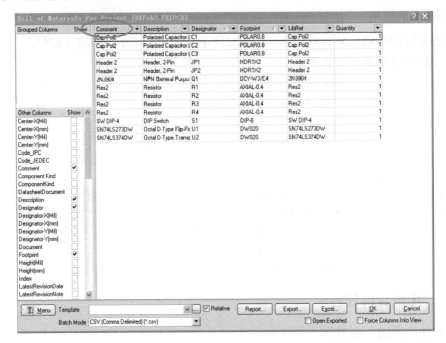

图 2-6-2　修改显示项目后的元件清单

（3）改变显示栏目的顺序：在图 2-6-2 的栏目名称上按住鼠标左键向左移动，直到代表栏目位置的上、下箭头出现在列表栏目名称的最左侧，如图 2-6-3 中的上、下箭头所示，松开鼠标左键，将"LibRef"调整到最前端显示，如图 2-6-4 所示。

图 2-6-3　修改项目的显示顺序

LibRef	Comment	Description	Designator	Footprint	Quantity
2N3904	2N3904	NPN General Purpo	Q1	BCY-W3/E4	1
Cap Pol2	Cap Pol2	Polarized Capacitor	C1	POLAR0.8	1
Cap Pol2	Cap Pol2	Polarized Capacitor	C2	POLAR0.8	1
Cap Pol2	Cap Pol2	Polarized Capacitor	C3	POLAR0.8	1
Header 2	Header 2	Header, 2-Pin	JP1	HDR1X2	1
Header 2	Header 2	Header, 2-Pin	JP2	HDR1X2	1
Res2	Res2	Resistor	R1	AXIAL-0.4	1
Res2	Res2	Resistor	R2	AXIAL-0.4	1
Res2	Res2	Resistor	R3	AXIAL-0.4	1
Res2	Res2	Resistor	R4	AXIAL-0.4	1
SN74LS273DW	SN74LS273D	Octal D-Type Flip-Fl	U1	DW020	1
SN74LS374DW	SN74LS374D	Octal D-Type Transp	U2	DW020	1
SW DIP-4	SW DIP-4	DIP Switch	S1	DIP-8	1

图 2-6-4　修改后的元件清单

（4）元件清单的后处理：单击图 2-6-1 中的"Report"按钮，预览元件清单，如图 2-6-5 所示。

Report Generated From DXP

LibRef	Comment	Description	Designator	Footprint	Quantity
2N3904	2N3904	NPN General Purpose Am	Q1	BCY-W3/E4	1
Cap Pol2	Cap Pol2	Polarized Capacitor (Axia	C1	POLAR0.8	1
Cap Pol2	Cap Pol2	Polarized Capacitor (Axia	C2	POLAR0.8	1
Cap Pol2	Cap Pol2	Polarized Capacitor (Axia	C3	POLAR0.8	1
Header 2	Header 2	Header, 2-Pin	JP1	HDR1X2	1
Header 2	Header 2	Header, 2-Pin	JP2	HDR1X2	1
Res2	Res2	Resistor	R1	AXIAL-0.4	1
Res2	Res2	Resistor	R2	AXIAL-0.4	1
Res2	Res2	Resistor	R3	AXIAL-0.4	1
Res2	Res2	Resistor	R4	AXIAL-0.4	1
SN74LS273DW	SN74LS273DW	Octal D-Type Flip-Flop w	U1	DW020	1
SN74LS374DW	SN74LS374DW	Octal D-Type Transparen	U2	DW020	1
SW DIP-4	SW DIP-4	DIP Switch	S1	DIP-8	1

图 2-6-5　预览元件清单

单击图 2-6-1 中的"Excel"按钮并选中按钮下方的"Open Exported"复选框，系统打开 Excel 应用程序并生成以".xsl"为扩展名的元件清单文件，取消".xsl"文件中的填充可查看，如图 2-6-6 所示。

	A	B	C	D	E	F
1	LibRef	Comment	Description	Designator	Footprint	Quantity
2	2N3904	2N3904	NPN Genera	Q1	BCY-W3/E4	1
3	Cap Pol2	Cap Pol2	Polarized Ca	C1	POLAR0.8	1
4	Cap Pol2	Cap Pol2	Polarized Ca	C2	POLAR0.8	1
5	Cap Pol2	Cap Pol2	Polarized Ca	C3	POLAR0.8	1
6	Header 2	Header 2	Header, 2-Pi	JP1	HDR1X2	1
7	Header 2	Header 2	Header, 2-Pi	JP2	HDR1X2	1
8	Res2	Res2	Resistor	R1	AXIAL-0.4	1
9	Res2	Res2	Resistor	R2	AXIAL-0.4	1
10	Res2	Res2	Resistor	R3	AXIAL-0.4	1
11	Res2	Res2	Resistor	R4	AXIAL-0.4	1
12	SN74LS273DW	SN74LS273D	Octal D-Type	U1	DW020	1
13	SN74LS374DW	SN74LS374D	Octal D-Type	U2	DW020	1
14	SW DIP-4	SW DIP-4	DIP Switch	S1	DIP-8	1

图 2-6-6　打开 Excel 应用程序并生成以".xsl"为扩展名的元件清单文件

（5）单击"OK"按钮，关闭对话框。

生成交叉参考元件列表可选择菜单"Reports"→"Component Cross Reference"命令；

生成层次项目组织列表可选择菜单"Reports"→"Report Project Hierarchy"命令。

2.6.3 打印原理图

1. 页面设置

选择菜单"File"→"Page Setup"命令，弹出"Schematic Print Properties（原理图打印属性）"对话框，如图 2-6-7 所示。

图 2-6-7 "Schematic Print Properties（原理图打印属性）"对话框

2. 打印预览

在图 2-6-7 中单击"Preview"按钮，或在原理图编辑器界面中选择菜单"File"→"Printer Preview"命令，系统显示打印效果，如图 2-6-8 所示。

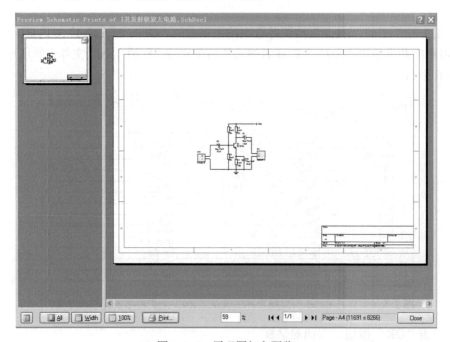

图 2-6-8 原理图打印预览

3．打印设置

在图 2-6-8 中单击"Print"按钮，或在原理图编辑器界面中选择菜单"File"→"Printer"命令，系统弹出打印设置对话框，如图 2-6-9 所示。

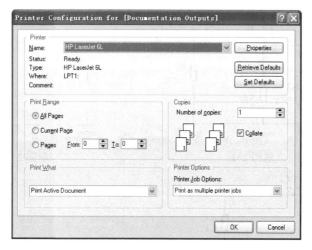

图 2-6-9　打印设置对话框

4．打印

在图 2-6-9 中单击"OK"按钮即可完成原理图的打印。

练习题 2

2.1　设置原理图图纸参数。

要求：

（1）设图纸尺寸为 A4，水平放置，工作区颜色为 233 号，边框颜色为 63 号，定位栅 5mil，可视栅格为 8mil。

（2）图纸标题为"放大电路"，字体为楷体加粗，颜色为 119 号，画图者为自己的名称。

（3）把该原理图改名为 2-1.sch 保存到自己的目录中。

2.2　调入"Simulation Math Function"和"AMP Card Edge 050 Series PCI"元件库。

2.3　在元件库中找出电阻器、电容器、二极管、三极管、天线、电池组、保险丝、中央处理器 8086、集成电路 NE555 和 74ALS03，并放在图纸上。

2.4　使用软件系统提供的搜索功能，查找元件 LED、LM324、TL074、ADC1001、2N8-12A，并将这些元件所在的元件库加载到元件库管理器中。

2.5　绘制如题图 2-1 所示电路图（提示：2N4393 场效应管在"Vishay Siliconic Discrete JFET.IntLib"元件库中）。

2.6　放置如题图 2-2 所示的各种接地符号。

提示：在"Power Port"对话框的"Style"中进行选择。

2.7　绘制如题图 2-3 所示的电路图。

2.8　绘制如题图 2-4 所示的电路图。

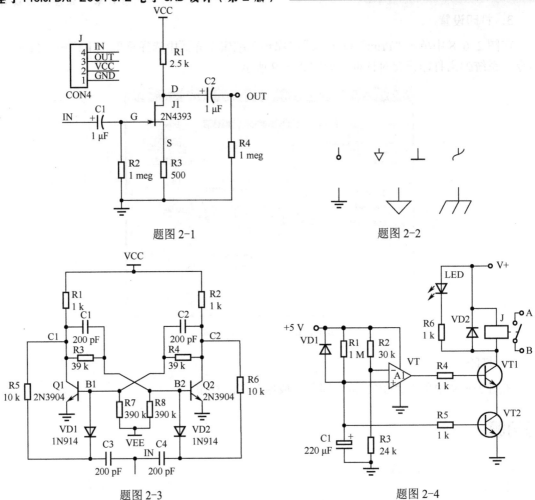

题图 2-1

题图 2-2

题图 2-3

题图 2-4

2.9　绘制如题图 2-5 所示的电路图。

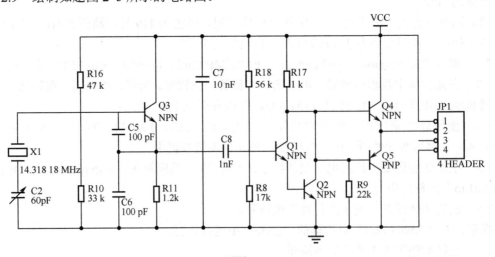

题图 2-5

2.10 绘制如题图 2-6 所示的电路图。

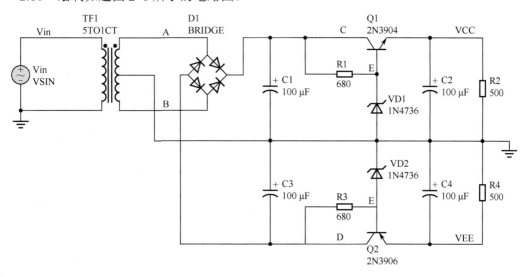

题图 2-6

2.11 绘制如题图 2-7 所示的电路图。

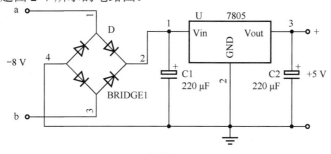

题图 2-7

2.12 绘制如题图 2-8 所示的电路图。

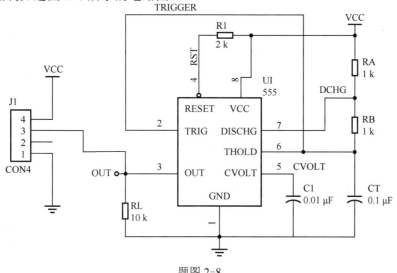

题图 2-8

2.13　绘制如题图 2-9 所示的电路图。

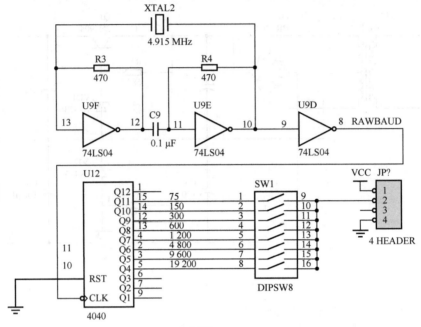

题图 2-9

2.14　利用总线、网络标号绘制如题图 2-10 所示的电路图（提示：利用元件搜索功能查找 "SN74LS273DW" 和 "SN74LS374DW"）。

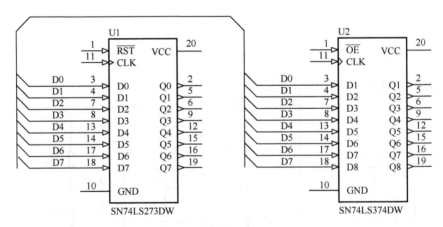

题图 2-10

2.15　绘制如题图 2-11 所示的电路图。

2.16　绘制如题图 2-12 所示的电路图。

2.17　绘制如题图 2-13 所示的电路图。

2.18　绘制如题图 2-14 所示的电路图（提示：输入端口有 WR、RD、IORQ、MREQ、M1，输出端口有 CPUCLK，双向端口有 INT、RESET、A[0…15]、D0[0…7]）。

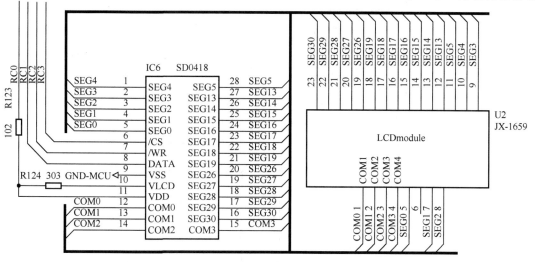

题图 2-11

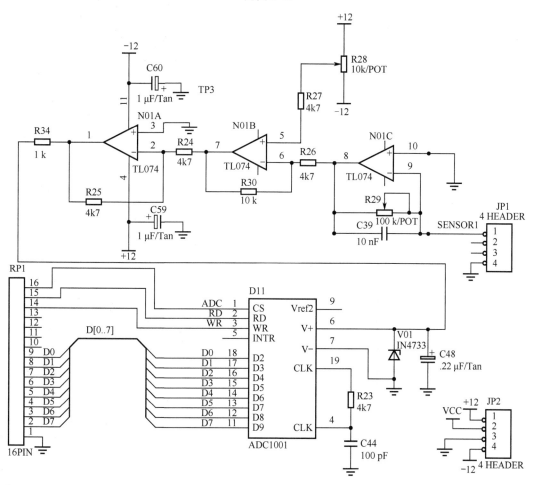

题图 2-12

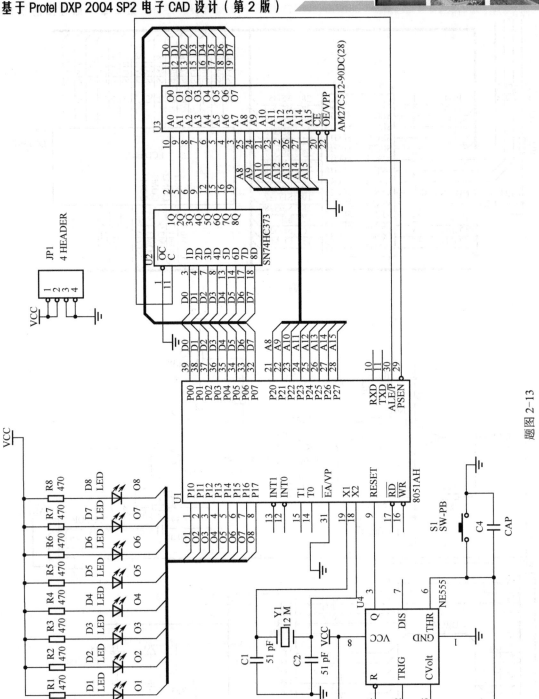

题图 2-13

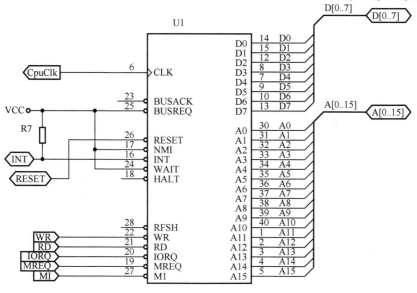

题图 2-14

2.19　使用"Drawing Tools"工具画出如题图 2-15 所示的图形并放置相应的字符。

2.20　使用"Drawing Tools"工具画出如题图 2-16 所示的图形。

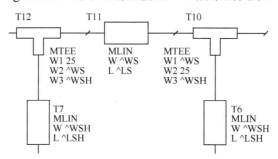

题图 2-15

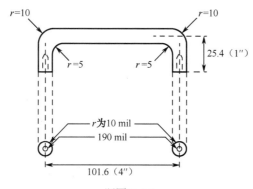

题图 2-16

第3章

原理图编辑技巧

在绘制原理图的过程中，掌握常用的编辑方法与技巧有利于提高设计效率。本章主要介绍原理图中元件选取，对象的复制、粘贴、删除和移动，元件属性和导线属性编辑，全局编辑及元件自动编号等。

教学导航

教	知识要点	1. 元件属性和导线属性
学	技能要点	1. 对象的选取 2. 解除对象的选取状态 3. 对象的复制、粘贴、删除和移动 4. 元件属性和导线属性编辑 5. 全局编辑 6. 元件自动编号

3.1　对象的选取

"选取"是电路编辑过程中最基本的操作，要对电路图中已存在的对象进行编辑，操作之前必须选取操作对象。DXP Schematic Editor 为设计者提供了多种选取对象的方法，具体如下。

1．使用鼠标选取

将光标移动到需要选取的对象上，然后单击鼠标左键可选取单个对象。

若一次要选择多个对象，可采取以下两种方法。

（1）按住"Shift"键，然后用鼠标一一单击需要选取的对象即可连续选择多个对象。

（2）在图纸的合适位置，按下鼠标左键，光标将变成十字形，拖动光标，显示一个动态矩形选择框，当所有待选对象均包括在矩形选择框内后，释放鼠标左键即可选中矩形区域内的所有对象。在拖动过程中，不能松开鼠标左键，需要保持光标为十字形。另外，只有被矩形选择框完全包含的对象才能被选中。

2．使用框选工具按钮选取

单击标准工具栏上的框选工具按钮 ⬚，光标变为十字形，在图纸上合适位置单击鼠标，确定对象选取框的一个顶点，然后移动光标，调整对象选取框的大小，再单击鼠标确定对象选取框。此时对象选取框内的所有对象将全部被选中。

使用区域选取工具时不需要始终按下鼠标，这是与拖动鼠标选取方式的唯一区别。

3．使用菜单"Edit"→"Select"命令选取

在主菜单"Edit"→"Select"中提供了几个选取对象的命令，如图 3-1-1 所示。

图 3-1-1　菜单"Edit"→"Select"

（1）"Edit"→"Select"→"Inside Area"命令。该命令用于选取对象选择框内的对象，它与标准工具栏中的框选工具按钮 ⬚ 的功能完全一致。

（2）"Edit" → "Select" → "Outside Area" 命令。该命令用于选取对象选择框外的对象，与 "Inside Area" 命令选取的对象正好相反。

（3）"Edit" → "Select" → "All" 命令。该命令用于选取当前图纸上的所有图元对象，用户可以使用快捷键 "Ctrl+A" 执行该命令。

（4）"Edit" → "Select" → "Connection" 命令。该命令用于选取连接在同一通路上的所有对象。启动命令后，光标将变成十字形，在需要选取的某个连接的导线、节点、输入/输出端口或网络标签上单击鼠标，则与所单击对象有连接关系的所有导线、电气节点、输入/输出端口及网络标签等（元件引脚除外）将被选中。

（5）"Edit" → "Select" → "Toggle Selection" 命令。该命令用于连续选取对象。启动命令后，光标将变成十字形，用户可连续选择多个对象。当单击已被选中的对象时，将解除该对象的选取状态。

3.2 解除对象的选取状态

1. 使用鼠标解除对象的选取状态

（1）解除单个对象的选取状态。如果想解除个别对象的选取状态，这时只需将光标移动到对象上，然后单击鼠标即可解除该对象的选取状态。此过程不影响其他对象的状态。

（2）解除所有对象的选取状态。当有多个对象被选取时，如果想一次解除所有对象的选取状态，这时只需在图纸上非选取区域的任意位置单击鼠标即可。该方法只有在 "Preferences" 对话框 "Graphical Editing" 选项卡中的 "Click Clears Selection" 复选框被选中的状态下才有效。

2. 使用工具按钮解除对象的选取状态

单击标准工具栏上的解除选取工具按钮 ，图纸上所有处于被选取状态的对象都将解除选取状态。

3. 使用菜单 "Edit" → "DeSelect" 命令解除对象的选取状态

如图 3-2-1 所示，菜单 "Edit" → "DeSelect" 提供了如下几个取消选取的命令。

（1）"Edit" → "DeSelect" → "Inside Area" 命令。该命令用于解除由光标所拖出的区域内所有对象的选取状态。

（2）"Edit" → "DeSelect" → "Outside Area" 命令。该命令用于解除光标所拖出的区域以外的所有对象的选取状态，与 "Inside Area" 命令正好相反。

（3）"Edit" → "DeSelect" → "All On Current Document" 命令。该命令用于解除当前文档内的所有对象的选取状态。该命令与标准工具栏内的解除选取工具按钮 的功能完全相同。

（4）"Edit" → "DeSelect" → "All Open Documents" 命令。该命令用于解除所有处于打开状态的原理图文档内的所有对象的选取状态。

（5）"Edit" → "DeSelect" → "Toggle Selection" 命令。该命令与 3.1 节中的 "Edit" → "Select" → "Toggle Selection" 命令相同。

图 3-2-1　菜单 "Edit" → "DeSelect"

3.3　对象的复制、粘贴、删除和移动

1．对象的复制

选中要复制的对象，单击"复制"图标；或选择菜单"Edit"→"Copy"命令；或按快捷键"Ctrl+C"。

2．对象的剪切

选中要剪切的对象，单击"剪切"图标；或选择菜单"Edit"→"Cut"命令；或按快捷键"Ctrl+X"，则将被选中的内容复制到剪贴板上，与复制不同的是，选中的对象也随之消失。

3．对象的粘贴

在复制或剪切操作后，单击"粘贴"图标；或选择菜单"Edit"→"Paste"命令；或按快捷键"Ctrl+V"。

4．阵列式粘贴

1）如图 3-3-1（b）所示的粘贴

（1）用鼠标左键单击 R1，按快捷键"Ctrl+C"，完成复制操作。

（2）选择菜单"Edit"→"Paste Array"命令，或单击"Utilities"工具栏中的"高级绘图工具"图标后的下拉按钮，在弹出的下拉菜单中选择阵列式粘贴图标，如图 3-3-2 所示。

（3）系统弹出"Setup Paste Array（阵列粘贴设置）"对话框，按如图 3-3-3 所示进行设置。

① Item Count：要粘贴的对象个数。这里设置为 4。

② Primary Increment：元件标号的增长变量。因为在图 3-3-1（b）中，元件标号是依次增长的，所以设置为 1。\

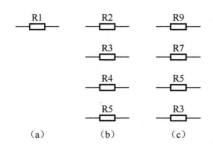

图 3-3-1　阵列式粘贴　　　　　图 3-3-2　选择阵列式粘贴图标

③ Horizontal：粘贴对象的水平间距。因为在图 3-3-1（b）中，R2～R5 是垂直排成一列的，所以该项设置为 0。

④ Vertical：粘贴对象的垂直间距。这里设置为-20。

设置完毕，单击"OK"按钮。

（4）在适当位置单击鼠标左键，进行粘贴。

2）如图 3-3-1（c）所示的粘贴

"Setup Paste Array"对话框的设置如图 3-3-4 所示。

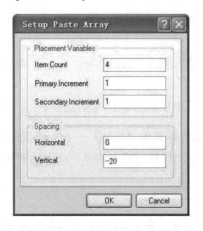

图 3-3-3　如图 3-3-1（b）所示的粘贴的设置　　图 3-3-4　如图 3-3-1（c）所示的粘贴的设置

5．对象的删除

（1）选中要删除的对象。

（2）按"Delete"键。

6．对象的移动

（1）按照"选择不邻近的多个对象"方法，在原理图中选择多个对象。

（2）单击"移动选择对象"图标 ，光标变成十字形。

（3）在选中的图形上单击鼠标左键，则选中的所有对象跟随光标一起移动，在适当位置再单击鼠标左键，将其放置。

（4）在选取对象以外的任何位置单击鼠标左键，取消选取状态。

3.4　元件属性和导线属性编辑

1. 元件的属性编辑

例如，将共发射极放大电路中的电容 C2 的封装 "POLAR0.8" 改为 "RAD—0.2"。

（1）双击电容 C2，系统弹出 C2 的属性对话框，如图 3-4-1 所示。

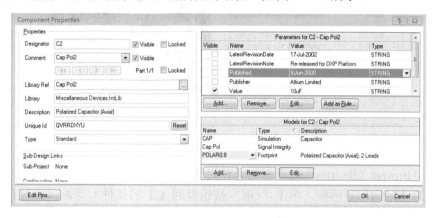

图 3-4-1　电容 C2 的属性对话框

（2）在 "Models for C2-Cap Pol2" 区域中用鼠标左键单击 "POLAR0.8"，然后单击该区域中的 "Edit" 按钮，系统弹出 "PCB Model" 对话框，如图 3-4-2 所示。

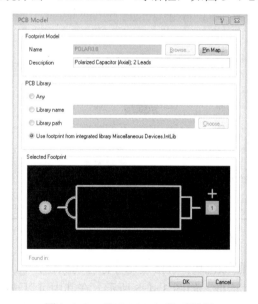

图 3-4-2　"PCB Model" 对话框

（3）在 "PCB Model" 对话框的 "PCB Library" 区域中选中 "Any" 单选项，在 "Footprint Model" 区域中单击 "Name" 右侧的 "Browse" 按钮，系统弹出 "Browse Libraries" 对话框，如图 3-4-3 所示。

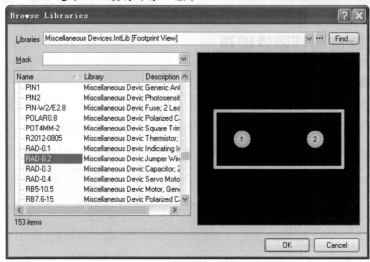

图 3-4-3　"Browse Libraries" 对话框

（4）在"Browse Libraries"对话框的元件封装列表中选择"RAD-0.2"，单击"OK"按钮返回"PCB Model"对话框，单击"OK"按钮返回 C2 的属性对话框，此时在原来显示"POLAR0.8"的位置已显示"RAD-0.2"，单击"OK"按钮，关闭属性对话框。

2．元件标号的显示属性编辑

（1）双击元件标号，系统弹出"Parameter Properties"对话框，如图 3-4-4 所示。

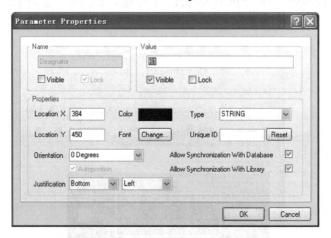

图 3-4-4　"Parameter Properties" 对话框

（2）单击"Color"右侧的颜色块，可修改元件标号的颜色；单击"Font"右侧的"Change"按钮，系统弹出"字体"对话框，如图 3-4-5 所示，在其中可以选择字体、字形和大小（即字号），选择完毕单击"确定"按钮，返回"Parameter Properties"对话框，单击"OK"按钮，修改完毕。

3．导线属性的编辑

双击任一导线，系统弹出"Wire（导线）"对话框，如图 3-4-6 所示。

（1）单击"Color"右侧的颜色块，可以修改导线颜色。

（2）单击"Wire Width"右侧的下拉按钮，可选择导线的粗细。

图 3-4-5　"字体"对话框

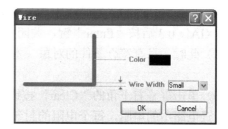

图 3-4-6　"Wire（导线）"对话框

3.5　全局编辑

1. 元件属性的全局编辑

要求：将共发射极放大电路中的所有电阻的封装改为 AXIAL-0.3。

（1）将光标放在 R1 电阻符号上单击鼠标右键，从弹出的快捷菜单中选择"Find Similar Objects"命令，系统弹出"Find Similar Objects"对话框，单击"Current Footprint"右侧的"Any"，则"Any"右侧出现一个下拉按钮，如图 3-5-1 所示。

图 3-5-1　"Find Similar Objects"对话框

（2）从这个下拉列表中选择匹配条件为"Same"，如图 3-5-2 所示。

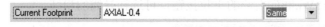

图 3-5-2　设置当前封装的匹配条件为"Same"

（3）单击"OK"按钮，系统弹出"Inspector"对话框，如图 3-5-3 所示。

（4）单击"Inspector"对话框中"Current Footprint"右侧的"<···>"，将其中的 AXIAL-0.4 改为 AXIAL-0.3 后按"Enter"键，关闭"Inspector"对话框。

（5）此时，只有符合条件的对象（本例中为电阻）被选中，电路图的其他对象变成掩膜状态。

（6）单击屏幕右下角的"Clear"按钮，清除掩膜状态，使窗口显示恢复正常。

检查电路中的电阻，每个电阻的封装都变为 AXIAL-0.3。

2. 字符属性的全局编辑

要求：将共发射极放大电路中的所有元件标号的字号改为 14，字形为斜体。

（1）将光标放在任一元件标号上单击鼠标右键，从弹出的快捷菜单中选择"Find Similar Objects"命令，系统弹出"Find Similar Objects"对话框，单击"Fontld"右侧的"Any"，则"Any"右侧出现一个下拉按钮。

（2）从这个下拉列表中选择匹配条件为"Same"，单击"OK"按钮，系统弹出"Inspector"对话框，如图 3-5-4 所示。

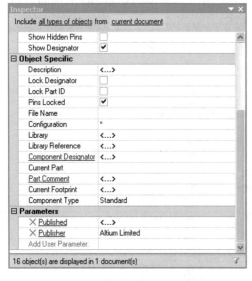 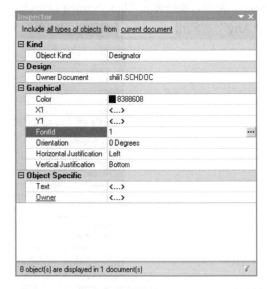

图 3-5-3　具有元件属性的"Inspector"对话框　　图 3-5-4　具有字符属性的"Inspector"对话框

（3）单击"Inspector"对话框中"Fontld"右侧的"<···>"按钮，系统弹出"字体"对话框，在"字形"中选择"斜体"，在"大小"中选择"14"，单击"确定"按钮，然后关闭"Inspector"对话框。

（4）此时，所有元件标号的字体变为斜体，字号变为 14，整个电路图变成掩膜状态，单击屏幕右下角的"Clear"按钮，清除掩膜状态，使窗口显示恢复正常。

3.6　元件自动编号

当电路比较复杂、元件数目较多时，手动设置元件的编号效率很低，且容易出现编号重复或跳号等现象，导致项目编译失败。若采用自动编号功能，可以彻底避免上述问题。自动编号的操作步骤如下。

（1）如图 3-6-1 所示，在主菜单里选择"Tools"→"Annotate…"命令，打开如图 3-6-2 所示的"Annotate"对话框。

图 3-6-1　选择"Tools"→"Annotate…"命令

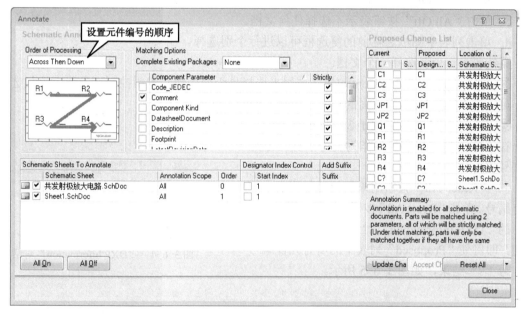

图 3-6-2　"Annotate"对话框

"Annotate"对话框用于设置编号规则及编号的范围等，其各选项的含义如下。

① "Schematic Annotation Configuration"区域用于设置元件编号的顺序及其匹配条件。单击"Order of Processing"下拉列表分别出现以下选项：

a. "1 Up then across"单选项表示根据元件在原理图上的排列位置，先按由下至上、再按由左至右的顺序自动编号。

b. "2 Down then across"单选项表示根据元件在原理图上的排列位置，先按由上至下、再按由左至右的顺序自动编号。

c. "3 Across then up"单选项表示根据元件在原理图上的排列位置，先按由左至右、再按由下至上的顺序自动编号。

d. "4 Across then down"单选项表示根据元件在原理图上的排列位置，先按由左至右、再按由上至下的顺序自动编号，系统默认选择此项。

以上 4 种编号顺序如图 3-6-3 所示。

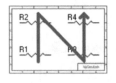
（a）"1 Up then across"

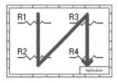
（b）"2 Down then across"

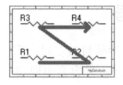
（c）"3 Across then up"

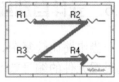
（d）"4 Across then down"

图 3-6-3　4 种编号顺序示意图

②　"Schematic Sheets To Annotate"区域用来选择要编号的图纸，设定编号的起始下标及后缀字符。

a．"Schematic Sheet"列用来从当前设计项目中选择需要重新标注的文档。

b．单击"All On"按钮表示选中所有文档。

c．单击"All Off"按钮表示不选择任何文档。

d．单击列表中图纸名称前的复选框可以进行个别选择。

系统要求至少要选择一个文档。

③　"Designator Index Control"区域用来选择是否使用编号索引控制。当选中该复选框时，可以在"Start Index"下面的输入栏内输入编号的起始下标。

④　"Add Suffix"区域用于设定元件编号的后缀。在该项中输入的字符将作为编号后缀，添加到编号后面。

⑤　"Reset All"按钮用来复位编号列表中的所有编号。单击"Reset All"按钮，打开如图 3-6-4 所示的"DXP Information"对话框，单击"OK"按钮，即可使"Proposed"列表中的所有元件编号以问号"?"结束，如图 3-6-5 所示。

图 3-6-4　"DXP Information"对话框

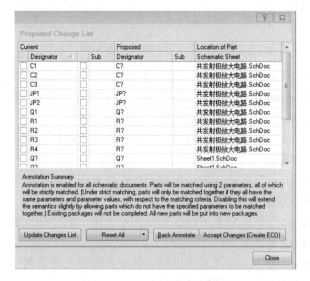

图 3-6-5　复位后的编号列表

⑥ "Update Changes List"按钮用于更新"Proposed"列表内的元件编号。单击"Update Changes List"按钮,在弹出的"DXP Information"文本框中单击"OK"按钮,可更新"Proposed"列表内的元件编号,更新后的"Proposed"列表如图 3-6-6 所示。

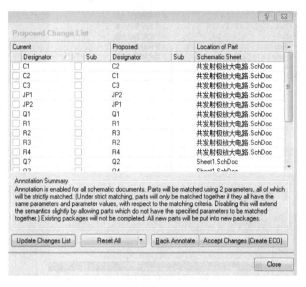

图 3-6-6　更新后的"Proposed"列表

(2)在"Annotate"对话框中设置元件自动编号规则,单击"Accept Changes"按钮,打开如图 3-6-7 所示的"Engineering Change Order"对话框。

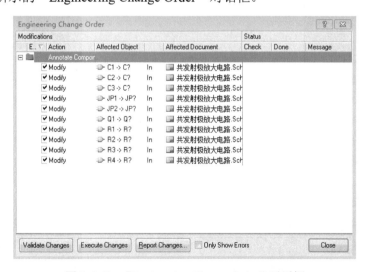

图 3-6-7　"Engineering Change Order"对话框

(3)单击"Validate Changes"按钮使所有改变生效,或直接单击"Execute Changes"按钮,执行所有改变。如果执行时未发现问题,则在每个编号的右边将显示检查及完成标记"√",如图 3-6-8 所示。

(4)单击"Report Changes…"按钮,打开如图 3-6-9 所示的"Report Preview"窗口。

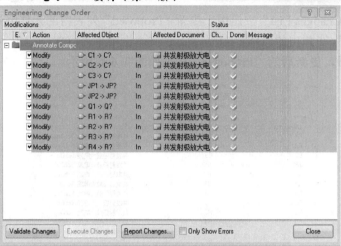

图 3-6-8　检查、执行完成后的"Engineering Change Order"对话框

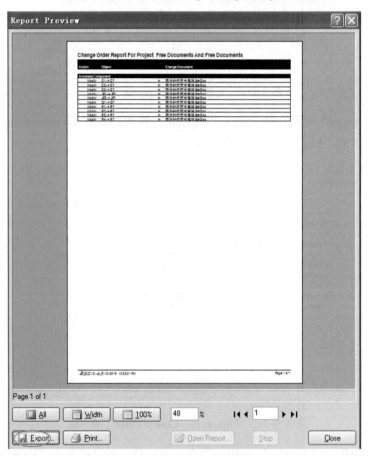

图 3-6-9　"Report Preview"窗口

（5）单击"Export…"按钮，打开"Export From Project[…]"对话框，选择待保存报告的文件名，单击"保存"按钮，将更新报告导出为 Excel 表格文件。

（6）单击"Close"按钮，关闭"Report Preview"窗口。

（7）若检查没有问题，则单击图 3-6-7 中的"Close"按钮关闭"Engineering Change Order"对话框，并返回到"Annotate"对话框。

（8）最后在"Annotate"对话框内单击"Close"按钮，完成元件编号自动更改。

3.7　对象的排列与对齐

为方便用户布置对象，DXP Schematic Editor 提供了一系列排列与对齐的功能。用户可以通过如图 3-7-1 所示的"Utilities"工具栏中的对齐工具或者如图 3-7-2 所示的菜单"Edit"→"Align"启动排列与对齐命令。

图 3-7-1　对齐工具　　　　　　图 3-7-2　菜单"Edit"→"Align"

各排列与对齐的实现方法如下。

1．左对齐

若要将一系列对象在水平方向上左对齐，可按如下步骤操作。

（1）选中所有需要左对齐的对象。

（2）单击"Utilities"工具栏中的对齐工具按钮，在弹出的工具栏中选择左对齐工具按钮，或者在主菜单中选择"Edit"→"Align"→"Align Left"命令，或者使用"Shift+Ctrl+L"快捷键，即可左对齐所选对象。

如图 3-7-3 所示为执行左对齐前后的原理图。

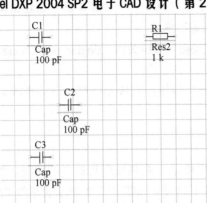

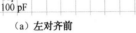

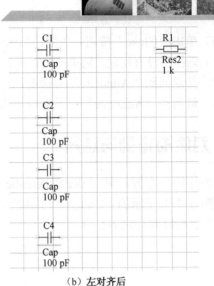

（a）左对齐前 　　　　　　　　　　　　（b）左对齐后

图 3-7-3　执行左对齐前后的原理图

2．右对齐

若要将一系列对象在水平方向上右对齐，可按如下步骤操作。

（1）选中所有需要右对齐的对象。

（2）单击"Utilities"工具栏中的对齐工具按钮 ，在弹出的工具栏中选择右对齐工具按钮 ，或者在主菜单中选择"Edit"→"Align"→"Align Right"命令，或者使用"Shift+Ctrl+R"快捷键，即可右对齐所选对象。

如图 3-7-4 所示为执行右对齐前后的原理图。

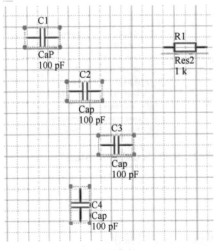

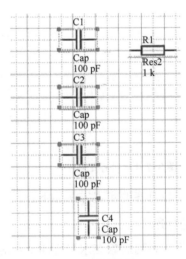

（a）右对齐前 　　　　　　　　　　　　（b）右对齐后

图 3-7-4　执行右对齐前后的原理图

3．水平居中对齐

若要将一系列对象的中心在水平方向按照中心线对齐，可按如下步骤操作。

（1）选中所有需要水平居中对齐的对象。

（2）单击"Utilities"工具栏中的对齐工具按钮 ，在弹出的工具栏中选择水平居中对齐工具按钮 ，或者在主菜单中选择"Edit"→"Align"→"Align Center Horizontal"命令，即可水平居中对齐所选对象。

如图 3-7-5 所示为执行水平居中对齐前后的原理图。

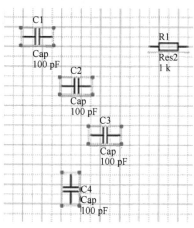

（a）水平居中对齐前

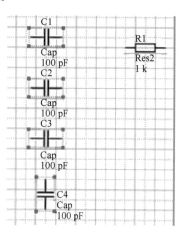

（b）水平居中对齐后

图 3-7-5　执行水平居中对齐前后的原理图

4．水平等间距排列

若要将一系列对象在水平方向上等间距排列，可按如下步骤操作。

（1）选中所有需要水平等间距排列的对象。

（2）单击"Utilities"工具栏中的对齐工具按钮 ，在弹出的工具栏中选择水平等间距排列工具按钮 ，或者在主菜单中选择"Edit"→"Align"→"Distribute Horizontally"命令，或者使用"Shift+Ctrl+H"快捷键，即可使所选对象在水平方向上等间距排列。

如图 3-7-6 所示为执行水平方向等间距排列前后的原理图。

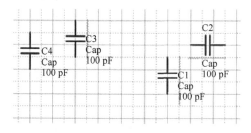

（a）执行水平方向等间距排列前

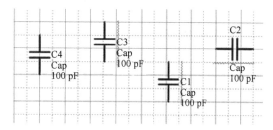

（b）执行水平方向等间距排列后

图 3-7-6　执行水平方向等间距排列前后的原理图

5．顶部对齐

若要将一系列对象在竖直方向顶部对齐，可按如下步骤操作。

（1）选中所有需要顶部对齐的对象。

（2）单击"Utilities"工具栏中的对齐工具按钮 ，在弹出的工具栏中选择顶部对齐工

具按钮 ⎴，或者在主菜单中选择"Edit"→"Align"→"Align Top"命令，或者使用"Ctrl+T"快捷键，即可使所选对象顶部对齐。

如图 3-7-7 所示为执行顶部对齐前后的原理图。

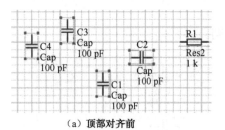 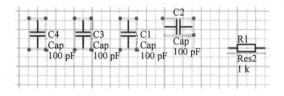

（a）顶部对齐前　　　　　　　　　　　　　　（b）顶部对齐后

图 3-7-7　执行顶部对齐前后的原理图

6. 底部对齐

若要将一系列对象在竖直方向底部对齐，可按如下步骤操作。

（1）选中所有需要底部对齐的对象。

（2）单击"Utilities"工具栏中的对齐工具按钮 ⬚，在弹出的工具栏中选择底部对齐工具按钮 ⬚，或者在主菜单中选择"Edit"→"Align"→"Align Bottom"命令，或者使用"Ctrl+B"快捷键，即可使所选对象底部对齐。

如图 3-7-8 所示为执行底部对齐前后的原理图。

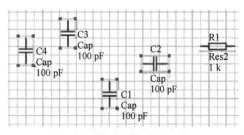 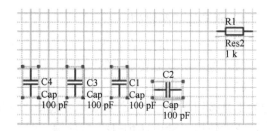

（a）执行底部对齐前　　　　　　　　　　　　（b）执行底部对齐后

图 3-7-8　执行底部对齐前后的原理图

7. 垂直居中对齐

若需要将一系列对象在竖直方向按照中心线对齐，可按如下步骤操作。

（1）选中所有需要垂直居中对齐的对象。

（2）单击"Utilities"工具栏中的对齐工具按钮 ⬚，在弹出的工具栏中选择垂直居中对齐工具按钮 ⬚，或者在主菜单中选择"Edit"→"Align"→"Center Vertical"命令，即可使所选对象垂直居中对齐。

如图 3-7-9 所示为执行垂直居中对齐前后的原理图。

8. 垂直等间距排列

若要将一系列的对象在竖直方向等间距排列，可按如下步骤操作。

（1）选中所有需要在竖直方向等间距排列的对象。

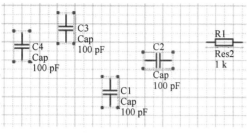

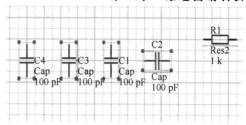

（a）执行垂直居中对齐前　　　　　　　　　　（b）执行垂直居中对齐后

图 3-7-9　执行垂直居中对齐前后的原理图

（2）单击"Utilities"工具栏中的对齐工具按钮 ，在弹出的工具栏中选择垂直等间距排列工具按钮 ，或者在主菜单中选择"Edit"→"Align"→"Distribute Vertically"命令，或者使用"Shift+Ctrl+V"快捷键，即可使所选对象在竖直方向等间距排列。

如图 3-7-10 所示即为执行竖直方向等间距排列前后的原理图。

9. 复合对齐命令的使用

使用复合对齐命令可以同时实现水平和垂直两个方向上的排列，可按如下步骤操作。

（1）选中所有需要再排列的对象。

（2）在主菜单中选择"Edit"→"Align"→"Align..."命令，打开如图 3-7-11 所示的"Align Objects"对话框。

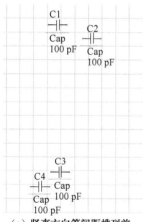

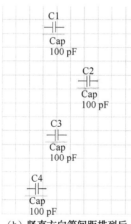

（a）竖直方向等间距排列前　　（b）竖直方向等间距排列后

图 3-7-10　竖直方向等间距排列前后的原理图　　　　图 3-7-11　"Align Objects"对话框

"Align Objects"对话框中各个选项的含义如下。

"Horizontal Alignment"区域用来设置对象的水平对齐选项。

① "No Change"单选项设置水平方向上保持原状。

② "Left"单选项设置左对齐。

③ "Center"单选项设置水平居中对齐。

④ "Right"单选项设置右对齐。

⑤ "Distribute equally"单选项设置水平方向等间距排列。

"Vertical Alignment"区域用来设置对象的垂直对齐选项。

① "No change"单选项设置垂直方向上保持原状。

② "Top"单选项设置顶部对齐。

③ "Center"单选项设置竖直方向居中对齐。

④ "Bottom"单选项设置底部对齐。

⑤ "Distribute equally"单选项设置竖直方向等间距排列。

"Move primitives to grid"复选框用于选择对齐时是否将所选对象对齐到电气栅格上，便于电路的连接。

练习题 3

3.1　向原理图中放置阻值为 3.2kΩ 的电阻、容量为 1μF 的电容、型号为 1N4007 的二极管、型号为 2N2222 的三极管、单刀单掷开关和 4 脚连接器。把该原理图改名为 3-1.sch 保存到自己的目录中。

3.2　在练习题 3.1 的基础上，练习"Edit"菜单的几种常见功能。

（1）选择 3.2kΩ 的电阻，复制并粘贴一次该电阻，然后取消选择。

（2）删除二极管，并用恢复按钮将二极管恢复。

（3）删除三极管。

（4）删除电容，然后粘贴该电容。

（5）用鼠标选择开关、二极管，然后删除这些被选择的元件。

（6）将该电路图存盘。

3.3　熟悉注释 **A** 和文本框 的区别。

分别用 **A** 和用 向电路图中放入一行文字"这是我的第一个原理图"和多行任意文字，并将字体改为华文彩云、粗体、字号为三号。总结出二者的使用区别。

3.4　阵列粘贴和查找替换练习。

按照如题图 3-1 所示阵列粘贴 4 个电容，将 C? 替换成 CT。

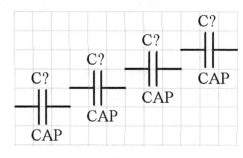

题图 3-1

提示：利用 Edit\Paste Array 和 Edit\Replace Text 功能完成任务。

3.5　打开任意一个原理图文件修改图中所有元件标号，字体为仿宋、小 4 号、颜色为 227#。

3.6　打开任意一个原理图文件，将原理图中电阻的封装形式 Footprint 由 AXIAL-0.4 全部改为 AXIAL-0.2，将所有元件标号中 U 打头的都改为 D 打头。

第 *4* 章

层次原理图的设计

层次原理图设计采用的是一种模块化的电路设计方法，将复杂的电路按照电路的功能划分，以电路方块图代表一个功能，通过各方块图之间的输入和输出点连线来实现信号的传输。

教学导航

教	知识要点	1. 层次原理图的父图、子图
		2. 层次原理图的设计流程
学	技能要点	1. 自顶向下设计层次原理图
		2. 自底向上设计层次原理图
		3. 层次原理图之间的切换

4.1　层次原理图的设计流程

层次原理图设计的关键在于正确传递各层次之间的信号。在层次原理图设计中，信号的传递主要是通过电路子图符号、子图入口和输入/输出端口来实现的。电路子图符号、子图入口和电路输入/输出端口之间有着密切的关系。

层次原理图的所有子图符号都必须有与该子图符号相对应的电路图存在（该图为子图），并且子图符号的内部也必须有子图入口。同时，在与子图符号相对应的子图中必须有输入/输出端口与子图符号中的子图入口相对应，且必须同名。在同一项目的所有电路图中，同名的输入/输出端口（包括子图入口）之间在电气上是相互连接的。

DXP Schematic Editor 支持"自顶向下"和"自底向上"这两种层次的电路设计方式。所谓自顶向下设计，就是按照系统设计的思想，先设计包含子图符号的父图（又称总图），然后再由父图中的各个子图符号创建与之对应的子图，这个过程称为"Create Sheet From Symbol"，设计流程如图 4-1-1 所示。自顶向下的设计方法适用于较复杂的电路设计。与之相反，进行自底向上设计时，则预先设计各子图，然后再创建一个空的所谓父图，最后根据各个子图，在空的父图中放置与各个子图相对应的子图符号，这个过程称为"Create Symbol From Sheet"，设计流程如图 4-1-2 所示。

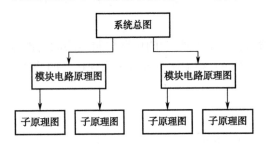

图 4-1-1　自顶向下的设计流程

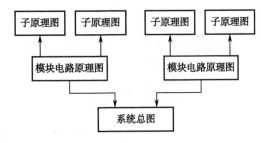

图 4-1-2　自底向上的设计流程

项目 4　自顶向下设计单片机最小系统电路图

本项目以单片机最小系统电路为例，介绍按照自顶向下的设计方法设计一个层次原理图的完整过程。

本项目中需要创建的电路如图 4-1-3 所示，但是采用层次设计后，电路图则如图 4-1-4 所示，结构更加清晰。

自顶向下的层次原理图设计操作步骤如下。

（1）首先创建一个设计项目，选择菜单"File"→"New"→"Project"→"PCB Project"命令，建立一个名为"Level_Mcs51.PrjPCB"的项目文件。然后在该项目文件下创建一个原理图文件，并将原理图文件命名为"Msc51_Top.SchDoc"。

（2）添加"Philips Microcontroller 8-Bit.IntLib"元件库文件，在"Libraries"工作面板的器件库下拉列表中选择"Philips Microcontroller 8-Bit.IntLib"，然后在工作面板的元件列表中选择"P80c51SFPN"器件。

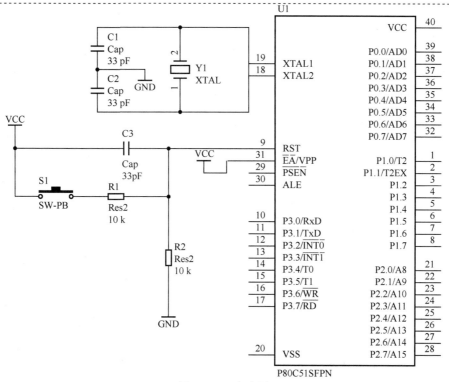

图 4-1-3　电路图

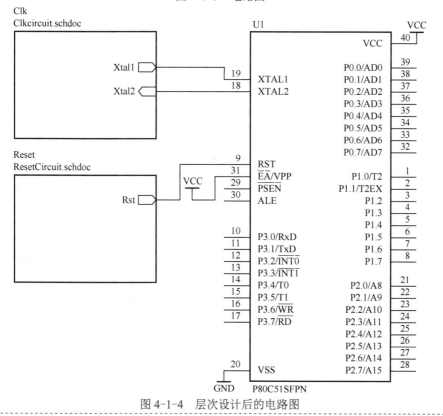

图 4-1-4　层次设计后的电路图

（3）直接单击元件列表中的"P80c51SFPN"元件名，将其拖到原理图中，调整好位置后松开鼠标。

（4）在原理图中设置"P80c51SFPN"元件的编号为"U1"。

（5）单击"Wiring"工具栏中的添加子图符号工具按钮，或者在主菜单中选择"Place"→"Sheet Symbol"命令。

（6）按"Tab"键，打开如图 4-1-5 所示的"Sheet Symbol"对话框。

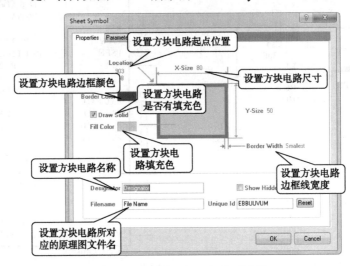

图 4-1-5 "Sheet Symbol"对话框

（7）在"Sheet Symbol"对话框的"Designator"文本框中输入"Clk"，在"Filename"文本框中输入"Clkcircuit.schdoc"，单击"OK"按钮，结束子图符号的属性设置。

（8）在原理图合适位置单击鼠标，确定子图符号的一个顶角位置，然后拖动鼠标，调整子图符号的大小，确定后再单击鼠标，在原理图上插入子图符号，如图 4-1-6 所示。

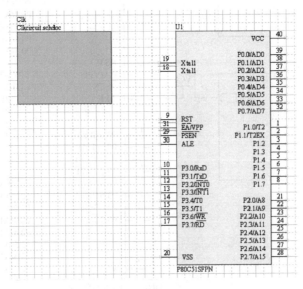

图 4-1-6 插入子图符号后的原理图

（9）再次按"Tab"键，打开"Sheet Symbol"对话框，在"Designator"文本框中输入"Reset"，在"Filename"文本框内输入"ResetCircuit.schdoc"，单击"OK"按钮，结束子图符号的属性设置。

（10）在原理图合适位置单击鼠标，确定子图符号的一个顶角位置，然后拖动鼠标，调整子图符号的大小，确定后再单击鼠标，在原理图上插入第二个子图符号，如图 4-1-7 所示。

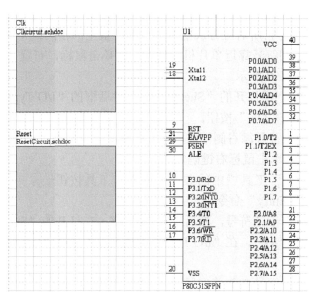

图 4-1-7　插入两个子图符号后的原理图

（11）单击"Wiring"工具栏中的添加子图入口工具按钮，或者在主菜单中选择"Place"→"Add Sheet Entry"命令。

（12）在"Clk"子图符号中单击鼠标，然后按"Tab"键，打开如图 4-1-8 所示的"Sheet Entry"对话框。

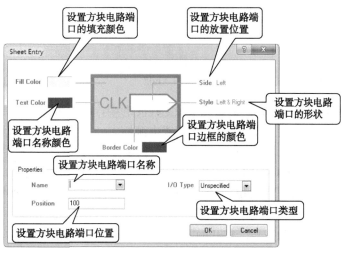

图 4-1-8　"Sheet Entry"对话框

（13）在"Sheet Entry"对话框的"Name"文本框中输入"Xtal1"，作为子图入口的名称。

（14）在"I/O Type"下拉列表中选择"Output"选项，将子图入口设为输出端口，然后单击"OK"按钮。

方块电路端口的类型（I/O Type）有 4 种：Unspecified（未定义或不确定）、Output（输出端口）、Input（输入端口）、Bidirectional（双向端口）。

注意： 设置好方块电路端口的类型后，当设计该方块电路所对应的模块电路时，其模块电路端口的类型必须与它所对应方块电路端口的类型全部相同或相反。

（15）在"Clk"子图符号靠近单片机元件的一侧单击鼠标，布置一个名为"Xtal1"的子图输出端口，如图 4-1-9 所示。

（16）按"Tab"键，在打开的"Sheet Entry"对话框的"I/O Type"下拉菜单中选择"Input"选项，然后单击"OK"按钮。

（17）在"Clk"子图符号靠右侧单击鼠标，再布置一个名为"Xtal2"的子图输入端口，如图 4-1-10 所示，然后单击鼠标右键确定。

（18）单击"Wiring"工具栏中的添加子图入口工具按钮 ，或者在主菜单中选择"Place"→"Add Sheet Entry"命令。

（19）单击"Reset"子图符号，然后按"Tab"键，在打开的"Sheet Entry"对话框的"Name"文本框中输入"Rst"，在"I/O Type"下拉列表中选择"Output"选项，然后单击"OK"按钮。

（20）在"Reset"子图符号右侧单击鼠标，布置一个名为"Rst"的输出端口，如图 4-1-11 所示。

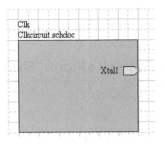

图 4-1-9　布置子图入口 Xtal1

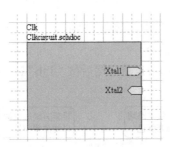

图 4-1-10　布置子图入口 Xtal2

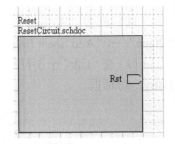

图 4-1-11　布置名为"Rst"的输出端口

（21）单击"Wiring"工具栏中的布置电源工具按钮 ，或者在主菜单中选择"Place"→"Power Port"命令，在如图 4-1-12 所示的布置电源标志。

（22）单击"Wiring"工具栏中的布置导线工具按钮 ，或者在主菜单中选择"Place"→"Wiring"命令，连接如图 4-1-13 所示的电路。

（23）在主菜单中选择"Design"→"Create Sheet From Symbol"命令，如图 4-1-14 所示。

（24）单击"Clk"子图符号，打开如图 4-1-15 所示的"Confirm"对话框，询问是否颠倒子图入口的方向。

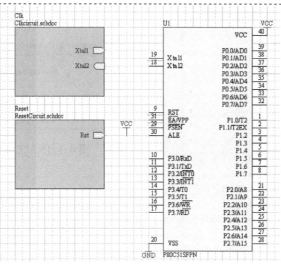

图 4-1-12　添加电源

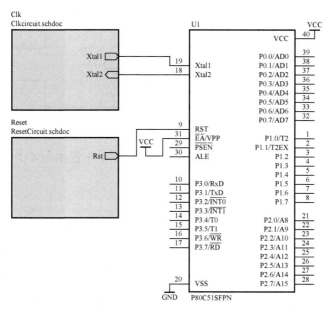

图 4-1-13　连接好的顶层电路

（25）单击"Confirm"对话框中的"No"按钮，系统自动在"Level_Mcs51.PrjPCB"项目中新建一个名为"Clkcircuit.schdoc"的原理图文件，如图 4-1-16 所示。在原理图文件中自动布置了如图 4-1-17 所示的两个端口。

（26）在新建的原理图中布置如图 4-1-18 所示的"Clk"子原理图电路。

（27）在"Project"工作面板的文件结构表中单击"Msc51_Top.schdoc"文件，将其在工作区打开。

（28）在主菜单中选择"Design"→"Create Sheet From Symbol"命令，单击"Reset"子图符号，在弹出的"Confirm"对话框中单击"No"按钮，新建一个名为"ResetCircuit.schdoc"的原理图，如图 4-1-19 所示。

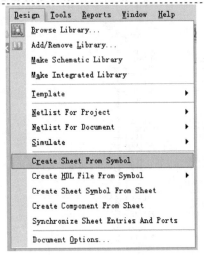

图 4-1-14 选择"Design"→
"Create Sheet From Symbol"命令

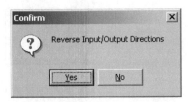

图 4-1-15 "Confirm"对话框

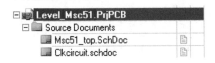

图 4-1-16 新建的名为"Clkcircuit.schdoc"
的原理图文件

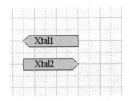

图 4-1-17 布置的端口

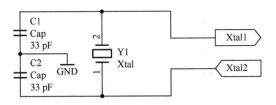

图 4-1-18 "Clk"子原理图电路

（29）在新建的名为"ResetCircuit.schdoc"的原理图中布置如图 4-1-20 所示的"Reset"子原理图电路。

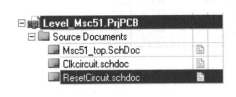

图 4-1-19 新建的名为"ResetCircuit.schdoc"的原理图

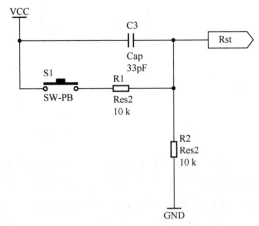

图 4-1-20 "Reset"子原理图电路

（30）在所有电路图的标题栏内填写制图信息。

（31）在主菜单中选择"File"→"Save All"命令，在弹出的"Save [ResetCircuit.schdoc]As"对话框中单击"保存"按钮，接着在弹出的"Save [Clkcircuit.schdoc]As"对话框中单击"保存"按钮，将新建的两个文件按照其原名保存即可。

4.2 自底向上设计层次原理图

自底向上设计是自顶向下的逆过程。读者可根据下面步骤自行完成。

（1）先绘制各子电路原理图。

（2）再新建一个原理图，在新建原理图中选择菜单"Design"→"Create Sheet Symbol From Sheet"命令，弹出选择子电路原理图对话框，如图4-2-1所示。

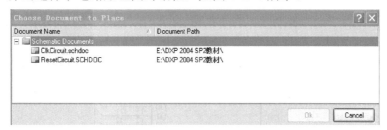

图 4-2-1　选择子电路原理图对话框

（3）在该对话框中选择原理图文件后单击"OK"按钮，系统再次弹出确认端口电气特性对话框。

（4）在确认端口电气特性对话框中单击"No"按钮，光标变成十字形，并带着一个方块电路，移动光标到合适位置，将方块电路放到图纸上。采用同样的方法将另一张原理图对应的方块电路放到图纸上。

（5）对方块电路的端口位置进行调整。

（6）用导线和总线将对应端口连接起来，完成系统总图。

4.3 层次原理图之间的切换

1．由系统总图切换到指定模块原理图

打开系统总图，选择菜单"Tools"→"Up/Down Hierarchy"命令，或单击工具栏的图标，光标变成十字形，移动光标到方块电路的某一个端口上单击鼠标左键，此时编辑区界面切换到该方块电路所对应的模块原理图上，并且在模块原理图中该端口处于高亮度最大显示状态。

2．由模块原理图切换到系统总图

打开某一模块原理图，执行同样的操作命令进入切换命令状态。然后移动十字形光标到模块原理图的某一个连接端口上，单击鼠标左键，此时编辑区界面切换到系统总图中，并将方块电路中的该端口以高亮度最大显示。

练习题 4

4.1　按题图 4-1 画出含有子图符号的电路图，练习放置子图符号、内部端口及其属性的修改。

4.2　画出如题图 4-2 所示的电路图，练习放置外部端口并修改其属性。

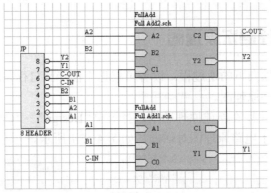

题图 4-1

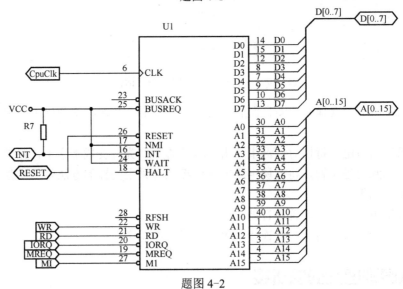

题图 4-2

4.3　将如题图 4-3 所示的单张电路图改成层次原理图（提示：可以建两层关系、画三张图纸）。

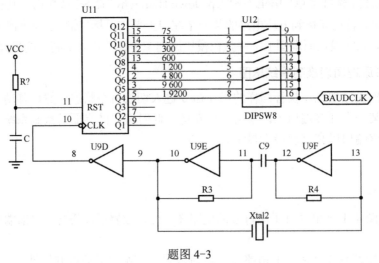

题图 4-3

4.4　将题图 4-4 改成层次原理图（提示：可以建两层关系、画两张图纸，按功能划分模块）。

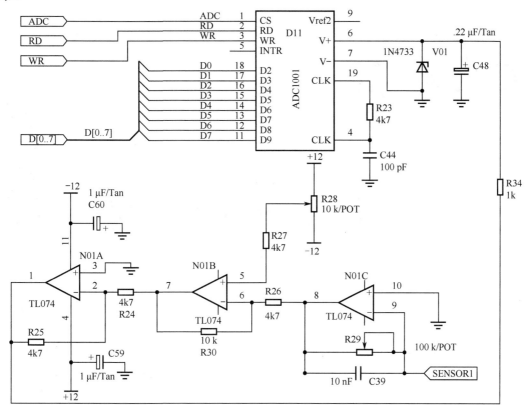

题图 4-4

第5章

创建原理图元件

尽管 Protel DXP 2004 SP2 的元件库非常庞大，但由于电子制造业的迅猛发展，新的元件不断涌现，使得元件库无法及时囊括所有元件符号。本章介绍在原理图元件库文件中如何绘制元件符号，以及如何调用自己绘制的元件符号。

教学导航

教	知识要点	1. 原理图元件基本知识
		2. 元件绘图工具
学	技能要点	1. 原理图元件符号的制作与修订
		2. 绘制复合式元件符号
		3. Protel 99 SE 元件库的使用

5.1 原理图元件的特点

原理图元件是原理图绘制的最基本要素，保存在原理图元件库中。在 Protel DXP 中，对原理图元件采取库管理的方法，即所有的元件都归属于某个库或某些库。Protel DXP 提供的元件库中，绝大多数为新型的集成元件库。有些元件由于很多家公司都生产，所以会出现在多个不同的库中，这些元件的具体命名通常会有细微差别，称这类元件为兼容（可互换）元件。Protel DXP 首次引入了集成库的概念，将元件的电气符号、封装形式、仿真模型、信号完整性分析模型绑定在一起，扩展名为"IntLib（Integrate Library）"，在此之前的原理图元件库的扩展名为"Lib"。在 Protel 99 SE 中，元件库是以工程数据库的方式管理的，加载或导出后为"Lib"文件。

Protel DXP 中包含原理图元件及印制电路板元件（PCB 元件）两大类。原理图元件只适用于原理图绘制，只可以在原理图编辑器中使用；PCB 元件用于 PCB 设计，只可以在 PCB 编辑器中使用，二者不可混用。因为原理图元件为实际元件的电气图形符号，所以有时也称原理图元件为电气符号。对于原理图元件库，又可以相应地称为电气符号库。

对于几乎所有的实际元件，均包含元件体和元件引脚两部分。元件体内封装了实现该元件功能的所有内部电路，元件引脚则用来与外部电路建立连接。Protel DXP 原理图元件包含元件体和元件引脚两个部分，但除此之外，往往还会包含一些关于引脚功能描述的简要信息。

1. 电气符号与实际元件的区别

第一，电气符号可以描述关于该元件的所有外部引脚的主要信息，也可以根据需要仅描述该元件的某些信息。例如，在绘图时，可以将与当前设计无关的一些引脚隐藏（不画出来），这样可以突出重点，增强图纸的可读性，但并不意味着实际元件不再有这些引脚。

第二，为了增强图纸的可读性，所绘制的电气符号的引脚分布及相对位置可以根据需要灵活调整，但并不意味着实际元件的引脚分布及相对位置也会因此而变。

第三，所绘制的电气符号的尺寸大小并不需要和实际元件的对应尺寸成比例。

第四，一些元件内部包含多个部件，事实上这种元件大量存在。而在设计中，经常会发生只使用元件内的某个部件而非全部的情况，因此往往仅绘制使用到的相应部件。对于这类元件，Protel DXP 相应地引入了部件的管理模式，即将此类元件进行分解，分解的数量为内部部件的实际数量（并非所有包含部件的元件 Protel 都进行分解，如 SIM 库中 CMOS 子类里的 4000，没有分解的情况同样大量存在）。加载这类被分解元件时，每次只加载其中的一个部件，因此在图纸上显示的可能只是"部分元件"。当然，这并不意味着，实际采购或装配这种元件时，也是采购或装配这种元件的一部分。

2. 元件的兼容性与设计的灵活性

对于实际元件而言，不同的元件可以有相同的电气符号，这体现了元件的兼容性；同一个元件也允许有多个不一致的电气符号与之对应，这反映了设计的灵活性。但是，电气符号的引脚编号和实际元件对应引脚的编号必须保持一致，否则，轻则会违背设计原意，重则导致电路完全不能正常工作。

3．制作及修订原理图元件的必要性

尽管可以通过搜索来查找元件，但是对于初学者而言，元件在库中的名称通常就已经是一只"拦路虎"了，即便顺利搜索到该名称的元件，但是由于外观及引脚属性的原因，若不做修改地直接使用，绘图效果往往难尽人意，这种情况对于简单的分立元件来说尚可接受，但对于引脚甚多的集成元件问题就显得非常突出了。

4．增强图纸的可读性和设计的灵活性

作为一种很实际的情况，电子工程师在设计电路时，为了更恰切地表达设计，增强图纸的可读性，常常需要将相关的引脚就近绘制，不用的引脚甚至隐藏起来，而直接采用库元件显然是无法满足要求的。掌握 Protel DXP 电气符号的制作及修订，可以降低甚至摆脱对自带库的依赖，极大地增强了设计的灵活性。

总之，尽管 Protel DXP 2004 SP2 的元件库非常庞大，但由于电子制造业的迅猛发展，新的元件不断涌现，使得元件库无法及时囊括所有元件符号。本章通过几个简单实例，介绍在原理图元件库文件中如何绘制元件符号，以及如何调用自己绘制的元件符号。

5.2 原理图元件编辑器

5.2.1 原理图元件库文件界面

新建或打开一个工程项目，选择菜单"File"→"New"→"Library"→"Schematic Library"命令或在项目名称上单击鼠标右键，在弹出的快捷菜单中选择"Add New to Project"→"Schematic Library"命令，则在左边的"Projects"工作面板中出现了"Schlib1.SchLib"文件名，同时在右边打开了一个原理图元件库文件，如图 5-2-1 所示。

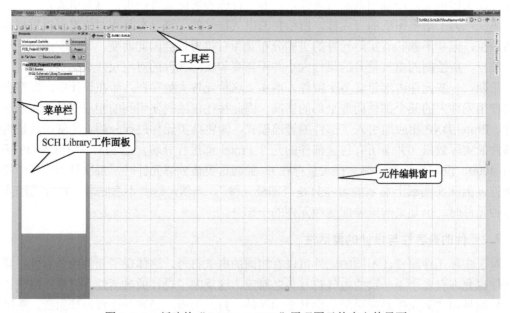

图 5-2-1　新建的"Schlib1.SchLib"原理图元件库文件界面

继续选择菜单"File"→"Save"命令，系统弹出"保存"对话框，选择工程项目文件所在文件夹，采用默认文件名，单击"保存"按钮。

1．元件编辑窗口

原理图元件库文件的元件编辑窗口中间显示一个十字形，坐标原点在十字中心。

2．"SCH Library"工作面板

"SCH Library"工作面板是元件库管理器，主要作用是管理该文件中的元件符号。

"SCH Library"工作面板的打开与关闭操作：选择菜单"View"→"Workspace Pants"→"SCH"→"SCH Library"命令或在屏幕右下角用鼠标左键单击"SCH"选项卡，然后选择"SCH Library"命令。

（1）"Components"区域。主要功能是管理元件，如查找、增加新的元件符号，删除元件符号，将元件符号放置到原理图文件中，编辑元件符号等。

（2）"Aliases"区域。主要功能是设置元件符号的别名。

（3）"Pins"区域。主要功能是在当前工作窗口中显示元件符号引脚列表，以及显示引脚信息。

（4）"Model"区域。主要功能是指定元件符号的 PCB 封装、信号完整性或仿真模式等。

3．画面调整

原理图元件库文件的画面调整与原理图文件相同。

5.2.2　元件绘图工具

元件符号制作的实质是绘图，所以有两个快捷工具面板很重要，一个是原理图库元件绘图（工具），位于实用工具栏图标 的下拉按钮下面；另一个是 Sch Lib IEEE（Symbols），即原理图库元件 IEEE（符号），位于工具栏图标 的下拉按钮下面。

1．绘制元件符号的工具图标

绘制元件符号的工具图标如图 5-2-2 所示。

实用工具栏的图标、功能及对应菜单命令如表 5-2-1所示。

图 5-2-2　实用工具栏图标

2．IEEE 符号

IEEE 符号工具面板中包含了 IEEE（国际电气电子工程师学会）制定的一些标准的电气符号，在 Protel 中，这些符号较多地用于较为复杂的集成电路或必要信息的图形化描述，但更多的是与引脚的功能或性质描述有关。对于元件的引脚属性（放置元件引脚时设置）的图形化描述包含了这些符号中的绝大多数，但和 IEEE 符号工具面板上的符号相比，前者由编辑器自动地放置在该引脚附近，而后者可以允许放置在电气符号的任何位置（尽管可能不恰当或不合理）。

IEEE 符号工具面板如图 5-2-3 所示。

表 5-2-1　实用工具栏的图标、功能及对应菜单命令

图标	功　　能	对应菜单命令
/	画直线	Place/Line
⌂	画贝塞尔曲线	Place/Bezier
◠	画椭圆弧线	Place/Elliptical Arc
⋈	画多边形	Place/Polygon
A	放置文字	Place/Text String
▯	添加新元件工具	Tools/New Component
⊶	添加子元件工具	Tools/New Part
▢	画直角矩形	Place/Rectangle
▢	画圆角矩形	Place/Round Rectangle
◯	画椭圆及圆形	Place/Ellipse
▣	粘贴图片	Place/Graphic
▦	阵列式粘贴组件	Edit/Paste Array
⌐	放置元件引脚工具	Place/Pin

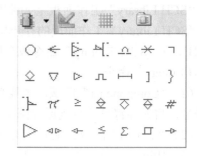

图 5-2-3　IEEE 符号工具面板

对于初学者而言，该面板中的很多符号并不常用，下面简单介绍其中比较常用的几种符号。

　　○ Dot：低电平有效标志。

　　← Right Left Signal Flow：放置信号自右向左传输标志。

　　▷ Clock：时钟标志。

　　⊣ Active Low Input：低电平触发的有效标志。

　　⌂ Analog Signal In：模拟信号输入标志。

　　# Digital Signal In：数字信号输入标志。

　　⎍ Pulse：脉冲信号标志。

　　Ω Open Collector：开集输出标志。

　　◇ Open Emitter：开射输出标志。

　　▽ HiZ：高阻态标志。

　　▷ High Current：高扇出电流标志。

　　⊓ Schmitt：具有施密特输入特性的标志。

对于这些符号，允许对其属性进行设置。属性设置对话框可以在选中该符号后按"Tab"键或将该符号放置后双击打开。符号属性设置对话框如图 5-2-4 所示。

属性设置中包括图形符号、坐标位置、尺寸、旋转角度、线宽、颜色等，修改方法很简单。

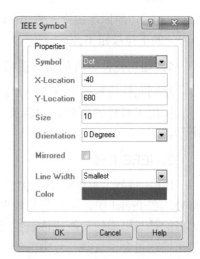

图 5-2-4　符号属性设置对话框

项目 5   制作 LED 数码显示器原理图元件

下面以如图 5-2-5 所示的 LED 数码显示器为例,介绍原理图元件的制作过程。

具体步骤如下。

1. 新建元件库文件

选择菜单"File"→"New"→"Schematic Library"命令,新建一个元件库文件,并将该文件保存在指定文件夹中。

2. 命名新元件

打开"SCH"库管理面板,可以看到新建的元件默认名称为"Component_1"。选择菜单"Tools"→"Rename Component"命令,弹出"Rename Component"对话框,如图 5-2-6 所示。

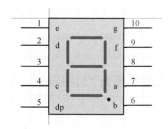

图 5-2-5   LED 数码显示器

图 5-2-6   "Rename Component"对话框

3. 设置工作区

选择菜单"Tools"→"Document Options"命令,弹出"Library Editor Workspace"(工作区设置)对话框,如图 5-2-7 所示。

图 5-2-7   "Library Editor Workspace"对话框

4. 绘制元件轮廓

1)绘制矩形符号

(1)选择菜单命令:"Place"→"Rectangle"。

（2）单击绘图工具栏的图标 ▢ 。

按"Tab"键，打开"Rectangle"（矩形属性设置）对话框，如图 5-2-8 所示。设置完成后单击"OK"按钮，完成矩形符号的绘制。

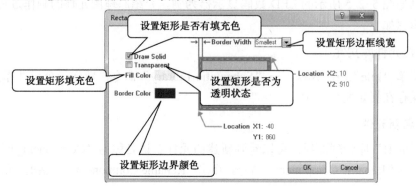

图 5-2-8 "Rectangle"对话框

2）绘制 LED 笔段

（1）选择菜单命令："Place"→"Line"。

（2）单击绘图工具栏的图标 ✏ 。

按"Tab"键，打开直线属性编辑对话框，将直线的线宽设置为"Medium"。按图绘制 LED 笔段直线部分。

3）绘制小数点

（1）选择菜单命令："Place"→"Ellipses"。

（2）单击绘图工具栏图标 ⬭ 。

4）绘制椭圆

（1）首先，移动光标到合适的位置确定圆心。

（2）然后，确定 X 轴方向半径。

（3）最后，确定 Y 轴方向半径。

使用圆形的方法绘制小数点，在画小数点前打开其属性设置对话框，对其填充颜色进行修改。

5．放置引脚

（1）选择菜单命令："Place"→"Pin"。

（2）单击绘图工具栏的图标 🖊 。

按"Tab"键，打开"Pin Properties"（引脚属性设置）对话框，如图 5-2-9 所示。

引脚属性的主要设置内容如下。

（1）Display Name：设置引脚名称，后面的"Visible"复选框用于设置是否显示引脚名称。

（2）Designator：设置引脚编号，后面的"Visible"复选框用于设置是否显示引脚编号。

（3）Electrical Type：设置引脚的电气特性类型。共有 8 个选项，即 Input（输入引脚）、I/O（输入/输出双向引脚）、Output（输出引脚）、Open Collector（集电极开路引脚）、Passive

（无源引脚）、HiZ（三态引脚）、Emitter（发射极引脚）、Power（电源、接地引脚）。

（4）Description：设置引脚的描述信息。

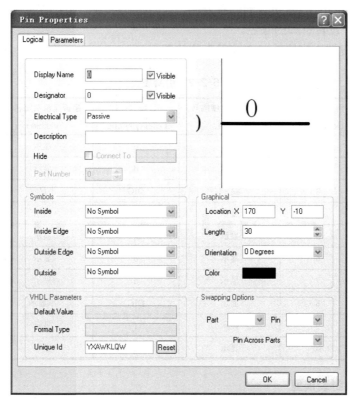

图 5-2-9　"Pin Properties" 对话框

（5）Hide：设置是否隐藏该引脚，选中复选框表示隐藏。

（6）Part Number：设置元件所包含的子元件数。

（7）Inside：设置引脚在元件内部的表示符号，共有 12 个选项，即 No Symbol（无符号）、Postponed Output（延迟输出）、Open Collector（集电极开路）、HiZ（高阻态）、High Current（高电流）、Pulse（脉冲）、Schmitt（施密特触发）、Open Collector Pull Up（集电极开路上拉）、Open Emitter（发射极开路）、Open Emitter Pull Up（发射极开路上拉）、Shift Left（左移）、Open Out（开路输出）。

（8）Inside Edge：设置引脚在元件内部边框上的表示符号，有 2 个选项，即 No Symbol（无符号）、Clock（时钟符号）。

（9）Outside Edge：设置引脚在元件外部边框上的表示符号，共有 4 个选项，即 No Symbol（无符号）、Dot（相反电平触发）、Active Low Input（低电平输入）、Active Low Output（低电平输出）。

（10）Outside：设置引脚在元件外部的表示符号，共有 7 个选项，即 No Symbol（无符号）、Right Left Signal Flow（向左信号流）、Analog Signal In（模拟信号输入）、Not Logic Connection（悬空）、Digital Signal In（数字信号输入）、Left Right Signal Flow（向右信号流）、Bidirectional Signal Flow（双向信号流）。

（11）Location：设置引脚的坐标位置。

（12）Length：设置引脚的长度。

（13）Orientation：设置引脚的放置方向。

（14）Color：设置引脚的颜色。

按表 5-2-2 设置引脚属性并完成引脚的放置。

表 5-2-2　引脚属性

引脚编号 （Designator）	是否显示引脚编号 （Visible）	引脚名称 （Display Name）	是否显示引脚名称 （Visible）
1	显示	e	显示
2	显示	d	显示
3	显示	DIG	不显示
4	显示	c	显示
5	显示	dp	显示
6	显示	b	显示
7	显示	a	显示
8	显示	DIG	不显示
9	显示	f	显示
10	显示	g	显示

6. 添加元件封装模型

添加元件封装模型的操作步骤如下。

（1）"SCH Library"面板最下面一栏为元件模型的管理部分，单击该栏下面的"Add"按钮，系统弹出"Add New Model"（添加新模型）对话框，如图 5-2-10 所示。

共有 4 种模型类型：

① 元件封装模型。

② 仿真模型。

③ PCB 3D 显示模型。

④ 信号完整性分析模型。

图 5-2-10　选择元件封装（Footprint）模型

（2）选择元件封装模型后单击"OK"按钮，弹出"PCB Model"（PCB 模型设置）对话框，如图 5-2-11 所示。

（3）单击"PCB Model"对话框中的"Browse"按钮，弹出"Browse Libraries"（浏览库文件）对话框，如图 5-2-12 所示。

（4）单击"Browse Libraries"对话框左上方的 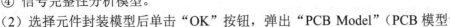 按钮，弹出"Available Libraries"（可用的元件库）对话框，如图 5-2-13 所示。

在"Installed"选项卡中加载"Library/Pcb"文件夹下的"DIP-LED Display. PcbLib"文件，加载封装库后单击"Close"按钮，返回到"Browse Libraries"对话框。

加载封装库后的"Browse Libraries"对话框如图 5-2-14 所示。

图 5-2-11　"PCB Model"对话框

图 5-2-12　"Browse Libraries"对话框

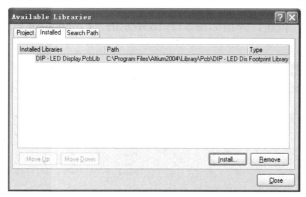

图 5-2-13　"Available Libraries"对话框

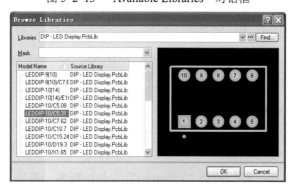

图 5-2-14　加载封装库后的"Browse Libraries"对话框

（5）在图 5-2-14 中选择"LEDDIP-10/C5.31"元件封装，单击"OK"按钮，返回到"PCB Model"对话框，再次单击"OK"按钮，即完成了 LED 元件封装模型的添加。

7．设置元件属性

单击 SCH 库管理面板中"Components"列表框中的"Edit"按钮，弹出"Library Component

Properties"（库元件属性设置）对话框，如图 5-2-15 所示。

图 5-2-15 "Library Component Properties"对话框

单击"Edit Pins"按钮，弹出如图 5-2-16 所示的"Component Pin Editor"（元件引脚编辑）对话框。

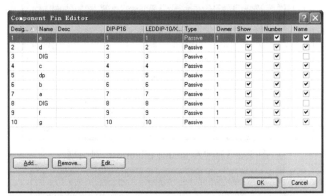

图 5-2-16 "Component Pin Editor"对话框

在该对话框中可以查看元件的引脚信息，还可以对元件引脚进行编辑。

8．保存元件并在原理图中使用

选择保存文件命令，将制作的元件保存在自建库中。

元件的使用方法有以下两种：

（1）将自建的元件库文件加载到"Libraries"工作面板中，通过"Libraries"工作面板放置该元件。

（2）在元件编辑器中，单击"SCH"库管理面板上"Component"区域下面的"Place"按钮，则系统直接切换到原理图编辑器，可将绘制好的元件直接放置到原理图图纸上。

9．元件的自动更新功能

对于已经放置到原理图中的元件，如果在元件编辑器中又对元件进行了修改，那么需

要将元件修改的结果更新到原理图中。元件修改完成后，只需选择菜单"Tools"→"Update Schematics"命令，即可将修改的结果更新到原理图。

如果完成了一个元件的制作，还要在"My Schlib. SchLib"库中制作下一个新的元件，则在"SCH"库管理面板的"Component"区域下面单击"Add"按钮，或选择菜单"Tools"→"New Component"命令，打开新建元件名称对话框，输入新的元件名称，单击"OK"按钮，即可打开一张新的图纸。

项目 6　LM555CH 元件符号的修订

设计中常常会遇到这种情况：在库中可以找到所需元件的电气符号，但该电气符号不能完全满足设计者绘制图纸的意图，重新制作又耗时费力，这时对该元件的电气符号进行修订是解决这一问题的常用方法。

本项目利用"NSC Analog Timer Circuit.SchLib"中的 LM555CH 元件符号，绘制自己的 555_1 元件符号，如图 5-2-17 所示。

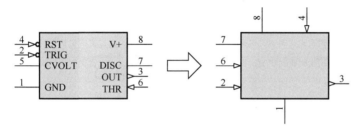

图 5-2-17　LM555CH 符号和 555_1 符号

具体操作步骤如下。

1．建立一个新元件

选择菜单"Tools"→"New Component"命令，或单击"SCH Library"面板中的"Components"区域下方的"Add"按钮，在弹出的"New Component Name"对话框中输入"555_1"，建立一个名为 555_1 的元件符号画面。

2．打开元件库

（1）用鼠标左键单击"打开"图标，在"Library"文件夹的"NSC Analog Timer Circuit. SchLib"文件夹下，选择"NSC Analog Timer Circuit. SchLib"元件库，单击"打开"按钮后，系统弹出如图 5-2-18 所示的对话框。

（2）单击"Extract Sources"按钮将"NSC Analog Timer Circuit.SchLib"元件库加入到"Projects"面板中，如图 5-2-19 所示。

图 5-2-18　"Extract Sources or Install"对话框

（3）双击"Projects"面板中的"NSC Analog Timer Circuit.SchLib"，将该文件打开。

3. 调出 LM555CH 元件符号

在"SCH Library"面板的"Components"区域中选择"LM555CH"元件符号，则右侧工作窗口中显示该元件符号图形。

4. 将 LM555CH 符号复制到新元件画面中

5. 对 LM555CH 符号进行修改

（1）将所有的"Display Name"设置为不显示，采用全局修改方式进行修改。

① 在任意引脚上单击鼠标右键，在弹出的快捷菜单中选择"Find Similar Objects"命令，系统弹出"Find Similar Objects"对话框，单击"Show Name"右侧的"Any"，则"Any"右侧出现一个下拉按钮，从中选择"Same"选项，如图 5-2-20 所示，然后单击"OK"按钮。

图 5-2-19　加入"NSC Analog Timer Circuit.SchLib"后的"Projects"面板

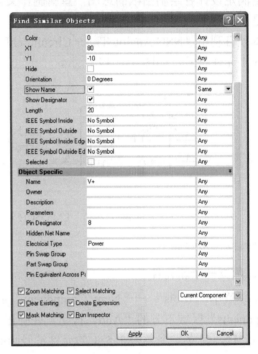

图 5-2-20　设置全局修改条件

② 此时，系统弹出"Inspector"对话框，取消对话框中"Show Name"复选框的选中状态，如图 5-2-21 所示。此时，画面中所有引脚的引脚名均不显示，但图形处于掩膜状态。

③ 关闭"Inspector"对话框，用鼠标左键单击屏幕右下角的"Clear"标签，清除掩膜状态即可。

（2）按要求修改引脚位置。

（3）去掉第 2、4 引脚的反向标志。

（4）将第 5 引脚隐藏。

双击第 5 引脚，在属性对话框中选中"Hide"右侧的复选框，如图 5-2-22 所示。

图 5-2-21　不显示引脚名的全局修改　　　　　图 5-2-22　隐藏引脚

6．保存

保存自己绘制的新元件符号。

项目 7　绘制复合式元件符号

本项目以包含 6 个反相门的 74LS04 为例，介绍复合式元件的制作过程。

1．建立新元件

在"SCH"库管理面板的"Component"列表框下面，单击"Add"按钮，弹出如图 5-2-23 所示的"New Component Name"（新建元件名称）对话框，在对话框中输入新建元件的名称"74LS04"，单击"OK"按钮。

图 5-2-23　"New Component Name"对话框

2．绘制第一单元

1）绘制元件轮廓

使用画直线命令绘制元件轮廓线，在直线属性对话框中设置线宽为"Small"，三角形三个顶点坐标为（0，0）、（0，−40）、（40，−20）。

2）放置引脚

使用放置引脚命令，放置引脚。

（1）引脚 1 的属性："Display Name"设为"A"，不显示；"Designator"设为"1"，显示；"Electrical Type"设为"Input"；其他为默认设置。

（2）引脚 2 的属性："Display Name"设为"Y"，不显示；"Designator"设为"2"，显

示；"Electrical Type"设为"Output"；在"Outside Edge"选择框中选择"Dot"；其他为默认设置。

（3）引脚 7 的属性："Display Name"设为"GND"，不显示；"Designator"设为"7"，显示；"Electrical Type"设为"Power"；"Hide"复选框为选中状态；在"Connect To"右边输入"GND"。

（4）引脚 14 的属性："Display Name"设为"VCC"，不显示；"Designator"设为"14"，显示；"Electrical Type"设为"Power"；"Hide"复选框为选中状态；在"Connect To"右边输入"VCC"。

第一单元绘制完毕后的图形如图 5-2-24 所示。

引脚 7 和 14 先在显示状态下放置好，然后再打开其属性对话框，将该引脚设置为不显示。

3．绘制其余单元

（1）选择菜单"Tools"→"New Part"命令，或单击实用工具栏的图标 ⟱ ，则一个新的空白图纸被打开，同时创建了一个新的子元件。打开"SCH"库管理面板，可以看到74LS04 元件拥有 Part A 和 Part B 两个子元件，如图 5-2-25 所示。

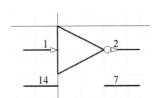

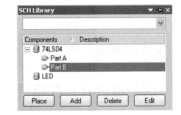

图 5-2-24　第一单元绘制
完毕后的图形

图 5-2-25　74LS04 元件拥有 Part A 和
Part B 两个子元件

（2）在"SCH Library"面板中单击"Part A"元件，使之处于编辑状态，选择菜单"Edit"→"Select"→"All"命令，选中所有图件。

（3）选择菜单"Edit"→"Copy"命令，将所选的内容复制到剪贴板上。

（4）在"SCH Library"面板中单击"Part B"元件，使之处于编辑状态，选择菜单"Edit"→"Paste"命令，将剪贴板上的内容粘贴到合适位置。

（5）重新设置 Part B 的引脚属性，如图 5-2-26 所示。只需修改元件的标号即可。

重复以上步骤，分别建立 Part C、Part D、Part E 和 Part F。其余单元的引脚修改如图 5-2-27 所示。

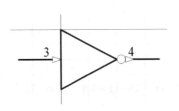

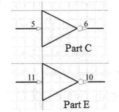

图 5-2-26　修改 Part B 的引脚　　图 5-2-27　Part C、Part D、Part E 和 Part F 修改后的引脚

4．添加元件封装模型

（1）单击"SCH"库管理面板"Model"栏下面的"Add"按钮，弹出"Add New Model"对话框，选择"Footprint"选项后，单击"OK"按钮。继续弹出"PCB Model"对话框，单击该对话框中的"Browse"按钮，弹出"Browse Libraries"对话框，单击该对话框的"Find"按钮，弹出"Search Libraries"（查找库文件）对话框，如图 5-2-28 所示。

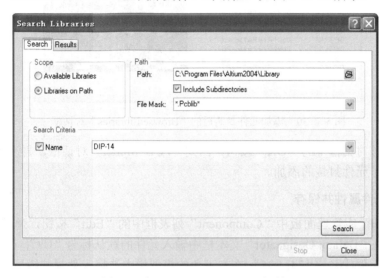

图 5-2-28　"Search Libraries"对话框

（2）在该对话框的"Name"文本框中输入"DIP-14"，在"File Mask"文本框中输入"*.Pcblib*"，然后单击"Search"按钮，系统开始搜索元件封装所在库。

（3）搜索的结果显示在"Results"选项卡中，如图 5-2-29 所示。

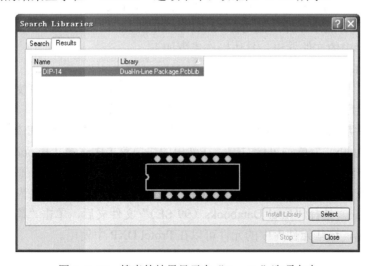

图 5-2-29　搜索的结果显示在"Results"选项卡中

选中要添加的元件封装，单击该选项卡中的"Select"按钮，将该封装添加到了"Browse Libraries"对话框，如图 5-2-30 所示。

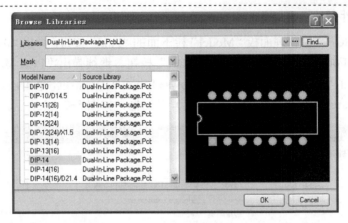

图 5-2-30　添加元件封装后的"Browse Libraries"对话框

（4）单击该对话框中的"OK"按钮，回到"PCB Model"对话框，再次单击"OK"按钮，即完成了元件封装的添加。

5. 设置元件属性并保存

单击"SCH"库管理面板中"Component"列表框中的"Edit"按钮，弹出库元件属性设置对话框。在"Default Designator"文本框中输入元件的默认标号"U?"；在"Comment"文本框中输入元件的名称"74LS04"；在右下角的模型栏中选择元件封装模型为"DIP-14"。

使用存盘命令将制作的元件保存。

5.3　Protel 99 SE 元件库的使用

例如，在使用 Protel DXP 进行电路设计时，需要使用 Intel 公司的单片机 87C51，而 Protel DXP 的元件库中没有这个元件，但是在 Protel 99 SE 的 Intel Databooks 数据库中有。因此，需要将这个数据库中的文件导出，具体操作步骤如下。

（1）启动 Protel 99 SE。

（2）在 Protel 99 SE 中选择"File"→"Open"命令，在弹出的打开文件对话框中选择 Protel 99 SE 安装目录下的"Intel Databooks"数据库文件并打开。

（3）打开文件后，在 Protel 99 SE 的工作区列出了该数据库中的全部库文件，选择全部库文件（扩展名为.lib）后单击鼠标右键，在弹出的快捷菜单中选择"Export"命令。

（4）系统弹出浏览文件夹对话框，在该对话框中选择文件导出的位置。假设在此之前已经在 Protel DXP 的安装目录（/Program Files/Altium 2004/Library）下建立了名为"Intel Databooks（99 SE）"的文件夹。选择"Intel Databooks（99 SE）"文件夹后，单击"确定"按钮，即完成了元件库的导出，这些元件库中的元件可以在 Protel DXP 中使用。

练习题 5

5.1　新建一个"First Library"元件库文件并在其中绘制集成芯片 CD4060 符号，如题

图 5-1 所示，注意编辑引脚属性，引脚说明如题表 5-1 所示。

题表 5-1　CD4060 引脚说明

引 脚 编 号	引 脚 名 称	电 气 特 性	显 示 状 态
1	Q12	Output	显示
2	Q13	Output	显示
3	Q14	Output	显示
4	Q6	Output	显示
5	Q5	Output	显示
6	Q7	Output	显示
7	Q4	Output	显示
8	GND	Power	显示
9	CPO	Input	显示
10	$\overline{CPO}$	Input	显示
11	CPI	Input	显示
12	R	Input	显示
13	Q9	Output	显示
14	Q8	Output	显示
15	Q10	Output	显示
16	VCC	Power	显示

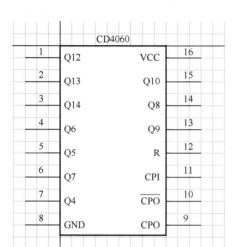

题图 5-1

5.2　在题 5.1 的元件库文件中画出如题图 5-2 所示的元件。要求：

（1）元件宽为 80 mil1、高为 10 mil，引脚长为 30 mil。

（2）给元件起名为 Z63，并最终将 GND、VCC 隐藏起来。

5.3　在题 5.1 的元件库文件中画出时序电路中 D 触发器的逻辑电路符号，如题图 5-3 所示。要求：

（1）元件宽为 60 mil1、高为 80 mil，引脚长为 30 mil。

（2）给元件起名为 D 触发器，显示名称和引脚号。

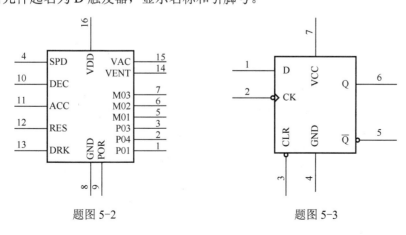

题图 5-2　　　　　　　　　　　　　题图 5-3

5.4　在题 5.1 的元件库文件中建立一个新元件。要求：从已有的元件库中复制一个 8 Header 的接头，然后将它改为 3 Header 的接头。

5.5　试在名为"Second Library"的元件库中画出时序电路中 D、JK 和 RS 触发器的逻辑电路符号，如题图 5-4 所示。要求：

（1）元件宽为 60 mil1、高为 10 mil，引脚长为 15 mil。

（2）给元件起名为 D、JK、RS。

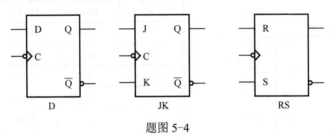

题图 5-4

提示：$\bar{Q}$ 是在引脚的名称处输入 Q\ 而得到的。

5.6　在题 5.1 的元件库文件中画出如题图 5-5 所示的 CD4069 元件。要求：

（1）元件尺寸一般为 140 mil、50 mil，引脚长 10 mil。

（2）在第四象限距原点 100 mil、−60 mil 处开始画元件。

5.7　试在题 5.1 的元件库文件中画出如题图 5-6 所示的 CD4001 元件。要求：

（1）元件尺寸一般为 140 mil、50 mil，引脚长 10 mil。

（2）在第四象限距原点 100 mil、−60 mil 处开始画元件。

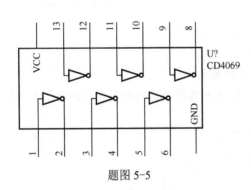

题图 5-5

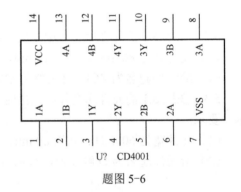

题图 5-6

5.8　在题 5.1 的元件库文件中画出如题图 5-7 所示的 74183B 元件。要求：

（1）元件尺寸一般为 100 mil、60 mil。

（2）在第四象限原点处开始画元件。

提示：内部的字符可用"Place\String"功能设置，并更改字号即可。C_{n+1} 不能用引脚的"name"实现。

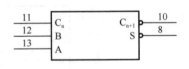

题图 5-7

5.9　在题 5.1 的元件库文件中画出如题图 5-8 所示的 74LS00 元件。要求：

（1）74LS00 元件每个模块的尺寸为 40 mil、40 mil。

（2）在第四象限原点处开始画元件。

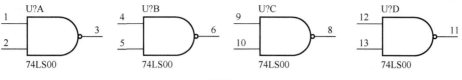

题图 5-8

提示：74LS00 元件有 4 个模块，分别为 A、B、C、D。每个模块都应该有电源（14 脚）、地（7 脚），它是 14 脚的集成块。

5.10　在元件库文件中画出如题图 5-9 所示的 7406 元件。要求：

（1）7406 元件共有 6 个模块，分别为 A、B、C、D、E、F。

（2）在第四象限距原点+20 mil、-20 mil 处开始画元件。

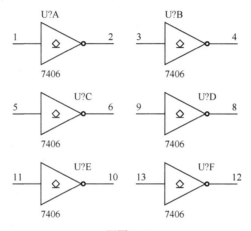

题图 5-9

提示：7406 元件的 6 个模块都应该有电源（14 脚）、地（7 脚），它是 14 脚的集成块。

5.11　在"Five Library.Lib"元件库中画出如题图 5-10 所示的 7425 元件。要求：

（1）7425 元件共有 2 个模块，分别为 A、B。

（2）在第四象限距原点+20 mil、-20 mil 处开始画元件。

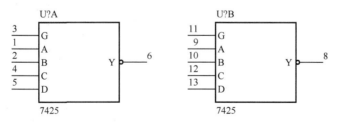

题图 5-10

提示：7425 元件的 2 个模块都应该有电源（14 脚）、地（7 脚），它是 14 脚的集成块。电源（14 脚）、地（7 脚）一般隐藏起来。

第6章

PCB 设计基础

要进行 PCB 设计，首先要了解印制电路板的结构、工作层、PCB 基本元素，还要了解 PCB 编辑器的一些基本参数设置，掌握图件放置与编辑，这是进行 PCB 设计的基础。

教学导航

教	知识要点	1. 印制电路板的结构
		2. PCB 设计的工作层
		3. PCB 的基本元素及元件封装
学	技能要点	1. PCB 工作参数的设置
		2. 图件放置与编辑

6.1　PCB 的结构与封装

6.1.1　PCB 的结构

根据电路板的结构可以分为单面板（Signal Layer PCB）、双面板（Double Layer PCB）和多层板（Multi Layer PCB）三种。

单面板也称单层板，即只有一个导电层，在这个层中包含焊盘及印制导线，这一层也被称为焊接面，另外一面则称为元件面。单面板的成本较低，但由于所有导线集中在焊接面中，所以很难满足复杂连接的布线要求。单面板适用于线路简单及对成本敏感的场合，如果存在一些无法布通的网络，通常可以采用导线跨接的方法。如图 6-1-1 所示的单面板，其绝缘基板只有一面有铜膜导线。

双面板也叫双层板，是一种包括 Top Layer（顶层）和 Bottom Layer（底层）的电路板，双面都有覆铜，都可以布线。通常情况下，元件一般处于顶层一侧，顶层和底层的电气连接通过焊盘或过孔实现，无论是焊盘还是过孔都进行了内壁的金属化处理。相对于单面板而言，双面板极大地提高了布线的灵活性和布通率，可以适应高度复杂的电气连接的要求，双面板在目前的应用最广泛。如图 6-1-2 的双面板，其绝缘基板两面有铜膜导线。

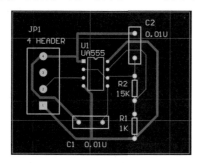

图 6-1-1　单面板
（绝缘基板只有一面有铜膜导线）

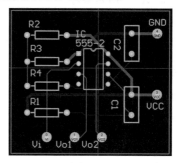

图 6-1-2　双面板
（绝缘基板两面有铜膜导线）

多层板是在顶层和底层之间加上若干中间层构成。中间层包含电源层或信号层。各层间通过焊盘或过孔实现互连。多层板适用于制作复杂的或有特殊要求的电路板。多层板包括 Top Layer（顶层）、Bottom Layer（底层）、Mid Layer（中间层）、Internal Plane（电源/接地层）等。层与层之间有绝缘层，绝缘层用于隔离电源层和布线层，绝缘层的材料要求有良好的绝缘性、可挠性、耐热性等。多层板结构如图 6-1-3 所示。

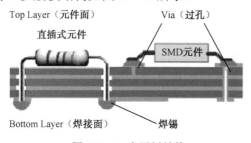

图 6-1-3　多层板结构

6.1.2　PCB 的工作层

在进行印制电路板设计前要选择适用的工作层。Protel DXP 提供多种类型的工作层。只有在了解了这些工作层的功能之后，才能准确、可靠地进行印制电路板的设计。Protel DXP 所提供的工作层大致可以分为以下几类。

1. 信号层（Signal Layer）

信号层主要用于布设铜模导线。Protel DXP 提供了 32 个信号层，除了顶层和底层以外，还有 30 个中间布线层（Mid Layer 1～Mid Layer 30）。

2. 内部电源/接地层（Internal Plane）

内部电源/接地层是整个覆铜的内部板层，主要用于连接电源和接地网络。Protel DXP 提供了 16 个内部电源层。

3. 机械层（Mechanical Layer）

机械层没有电气特性，主要用来确定电路板的机械边框，放置一些标注、说明等文字信息。Protel DXP 提供了 16 个机械层。

4. 防护层（Mask Layer）

防护层包括阻焊层和锡膏防护层，阻焊层用于插装式元件，锡膏防护层用于表面贴装元件。阻焊层的作用是防止焊接过程中由于焊锡扩张引起的短路。

5. 丝印层（Silkscreen Layer）

丝印层主要用于显示元件封装的轮廓和元件标号等信息。Protel DXP 提供了两个丝印层：顶层丝印层（Top Over lay）和底层丝印层（Bottom Over lay）。

6. 其他层（Other Layer）

其他层包括：钻孔位置层（Drill Guide）、禁止布线层（Keep-Out Layer）、钻孔图层（Drill Drawing）和多层（Multi-Layer）。

禁止布线层用来定义电路板的电气边框，以确定自动布局、布线的范围。电路板设计时应使板的电气边框不超过机械边框。

多层是贯穿于每个信号层的工作层，在多层上放置的焊盘和过孔会自动添加到所有信号层中。

6.1.3　PCB 的基本元素

构成 PCB 图的基本元素有如下几种。

1. 铜膜导线（Track）和飞线

铜膜导线是覆铜板经过加工后在 PCB 上的铜膜走线，又简称为导线，处于所有的导电层中，用于连接各个焊点导线，它的宽度取决于承载电流的大小和铜箔的厚度。铜膜导线必须绘制在信号层，即顶层（Top Layer）、底层（Bottom Layer）和中间层（Mid Layer）。

飞线，即预拉线，是在网络表引入之后系统根据规则生成的，用来指引布线的一种连线。

值得指出的是，导线与布线过程中出现的飞线有本质的区别：飞线只是形式上表示出网络之间的连接，没有实际的电气连接意义。网络和导线也有所不同，网络上还包括焊点，因此提到的网络不仅包括导线，还包括与导线连接的焊盘。

2. 焊盘（Pad）

焊盘用于焊接元件，实现电气连接并同时起到固定元件的作用。焊盘的基本属性有形状、所在层、外径及孔径。双层板及多层板的焊盘都经过了孔壁的金属化处理。对于插脚式元件，Protel DXP 将其焊盘自动设置在多层；对于表面贴装元件，焊盘与元件处于同一层。Protel DXP 允许设计者将焊盘设置在任何一层，但只有设置在实际焊接面才是合理的。

Protel DXP 中焊盘的标准形状有 3 种，即 Round（圆形）、Rectangle（方形）和 Octagonal（八角形），允许设计者根据需要进行自定义设计。焊盘主要有两个参数：Hole Size（孔径大小）和 X-Size、Y-Size（焊盘大小）的尺寸。插接式焊盘尺寸如图 6-1-4 所示，插接式焊盘的三种类型如图 6-1-5 所示，表面粘贴式焊盘如图 6-1-6 所示。

（a）圆形焊盘　（b）方形焊盘　（c）八角形焊盘

图 6-1-4　插接式焊盘尺寸　　　图 6-1-5　插接式焊盘的三种类型　　图 6-1-6　表面粘贴式焊盘

3. 过孔（Via）

过孔用于实现不同工作层间的电气连接，过孔内壁同样做金属化处理。应该注意的是，过孔仅是提供不同层间的电气连接，与元件引脚的焊接及固定无关。过孔分为 3 种：从顶层贯穿至底层的称为穿透式过孔；只实现顶层或底层与中间层连接的过孔为盲孔；只实现中间层连接，而没有穿透顶层或底层的过孔称为埋孔。过孔可以根据需要设置在任意导电层之间，但过孔的起始层和结束层不能相同。过孔只有圆形，主要有两个参数，即 Hole Size（孔径大小）和 Diameter（过孔直径）。

4. 元件的图形符号

元件的图形符号反映元件外形轮廓的形状及尺寸，与元件的引脚布局一起构成元件的封装形式。印制元件图形符号的目的是显示元件在 PCB 上的布局信息，为装配、调试及检修提供方便。在 Protel DXP 中，元件的图形符号被设置在丝印层。

5. 其他辅助性说明信息

为了阅读 PCB 或装配、调试等需要，可以加入一些辅助信息，包括图形或文字。这些信息一般应设置在丝印层，但在不影响顶层或底层布线的情况下，也可以设置在这两层。

6.1.4　元件封装

1. 元件封装的基本概念

元件封装是指实际的电子元件或集成电路的外形尺寸、引脚的直径及引脚的距离等，它是使元件引脚和 PCB 上焊盘一致的保证。元件封装只是元件的外观和焊盘的位置，纯粹的元

件封装只是一个空间的概念，不同的元件有相同的封装，同一个元件也可以有不同的封装。所以，在取用焊接元件时，不仅要知道元件的名称，还要知道元件的封装。

根据焊接方式不同，元件封装可分针脚式元件封装、表面粘贴式封装。针脚式元件封装是针对针脚类元件的，针脚类元件焊接时要先将元件针脚插入焊盘导孔中，然后再焊锡。由于焊点导孔贯穿整个电路板，所以其焊盘的属性对话框中，Layer 板层属性必须为 Multi-Layer。

常用的元件封装种类有电阻封装（Resistors）、二极管封装（Diodes）、电容封装（Capacitors）、双列直插式封装（DIP）、球栅阵列封装（BGA）、无引线芯片载体封装（LCC）等。这些封装又可以划分为两大类，即直插式封装和表面粘贴式封装。直插式元件封装及安装图如图 6-1-7 所示，表面粘贴式元件封装及安装图如图 6-1-8 所示。

图 6-1-7 直插式元件封装及安装图   图 6-1-8 表面粘贴式元件封装及安装图

2．元件封装的编号原则

元件封装的编号原则：元件类型＋焊盘距离（焊盘数）＋元件外形尺寸。可以根据元件的编号来判断元件封装的规格。例如，电阻的封装为 AXIAL-0.4，表示此元件封装为轴状，两焊盘间的距离为 400 mil（100 mil=2.54 mm）；RB7.6-15 表示极性电容类元件封装，引脚间距为 7.6 mm，元件直径为 15 mm；DIP-24 表示双列直插式元件封装，有 24 个焊盘引脚。

3．常用元件的封装

常用的分立元件封装有 DIODE-0.5～DIODE-0.7（二极管类）、RB5-10.5～RB7.6-15（极性）和 RAD-0.1～RAD-0.4（非极性电容类）、AXIAL-0.3～AXIAL-1.0（电阻类）、VR1～VR5（可变电阻类）等，这些封装在 "Miscellaneous Devices PCB.PcbLib" 元件库中。常用的集成电路有 DIP-xxx 封装和 SIL-xxx 封装等。常用元件的封装如图 6-1-9 所示。

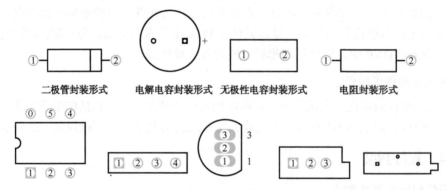

二极管封装形式   电解电容封装形式   无极性电容封装形式   电阻封装形式

图 6-1-9 常用元件的封装

6.2　Protel DXP 2004 的 PCB 编辑器

6.2.1　PCB 设计工具

Protel DXP 2004 中的 PCB 设计工具有 PCB 编辑器、PCB 库编辑器和 "Situs" 自动布线器。

PCB 编辑器是 Protel DXP 2004 中的 PCB 文档编辑工具。主要用于创建、编辑、修改 PCB 设计文档，生成辅助制造文件。其内置的 CAMtastic 编辑器生成并输出从 PCB 设计到生产制造各环节所需要的各种生产制造、装配文件，包括 ODB++、Gerber、NCDrill 等当前业界流行的生产制造文件格式。

PCB 编辑器使用 32 位设计数据库，可以设计具有 32 个信号层、16 个内部电源/地层的通孔和 SMD 多层印制电路板。此外，还支持 16 层机械加工图案设计。最大板图尺寸为 "100 in×100 in"（254 cm×254 cm），长度尺寸的精度为 0.001 mil，栅格尺寸的精度为 ±0.000 5 mil，支持英制和公制两种单位制，在设计过程中可随时切换。PCB 设计是以 "层" 的形式显示和完成的，这与人工绘图制板的理解一致，如顶层、底层和丝印层。还有一些操作，如手工布线，也是基于层的——首先要选择 "层"，然后在层上布线。

PCB 编辑器支持内部制造技术，当多种电源公用一个电源层时，可进行内部电源层分割，DRC 检查完全支持内部电源层分割。过孔可以穿透整个板，也可仅仅连接两个层，通过自动或手工布线，都可布放盲孔和埋孔。

PCB 库编辑器是 Protel DXP 2004 中的 PCB 库编辑工具，它用于创建、编辑和管理元件封装库。PCB 库编辑器与 PCB 编辑器的界面类似。

"Situs" 自动布线器是 Protel DXP 2004 提供的基于拓扑逻辑分析的自动布线器，用于完成 PCB 的自动布线任务。拓扑逻辑布线器和 PCB 编辑器紧密结合在一起，设置和运行都在 PCB 编辑器中进行，直接在 PCB 窗口中布线。

6.2.2　PCB 编辑器的工作界面

新建一个 PCB 文件或打开一个已经存在的 PCB 文件均可进入 PCB 编辑器。PCB 编辑器如图 6-2-1 所示。其初始界面包括菜单栏、工具栏、工作区、命令栏、状态栏和各种工作面板按钮。PCB 编辑器的菜单栏和原理图编辑器的菜单栏基本相似，操作方法也类似。绘制原理图主要是对元件进行操作和连线，而进行 PCB 设计主要是针对元件封装的操作和布线工作。二者很多的操作、编辑方法都相同。

1．主菜单

PCB 编辑器主菜单与 DXP Schematic Editor 界面的主菜单类似，包括了系统所有的操作命令，菜单中有下画线的字母为热键。

2．工具栏

PCB 编辑器中的工具栏与 DXP Schematic Editor 中的工具栏类似，由标准工具栏、"Utilities" 工具栏、"Filter" 工具栏、"Wiring" 工具栏和 "Navigation" 工具栏组成，其功能分别如下。

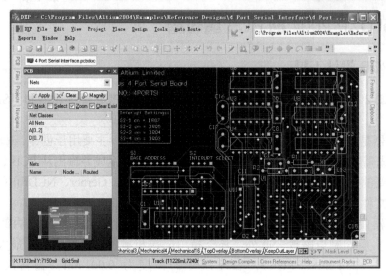

图 6-2-1　PCB 编辑器界面

（1）标准工具栏如图 6-2-2 所示，与 DXP Schematic Editor 中的标准工具栏相同，主要进行常用的文档编辑操作。

图 6-2-2　标准工具栏

（2）"Utilities"工具栏如图 6-2-3 所示，其中的工具按钮用于在 PCB 中绘制不具有电气意义的对象。

图 6-2-3　"Utilities"工具栏

绘图工具按钮为 ，单击该按钮，弹出如图 6-2-4 所示的绘图工具栏。该工具栏中的工具按钮用于绘制直线、圆弧等不具有电气性质的对象。

对齐工具按钮为 ，单击该按钮，弹出如图 6-2-5 所示的对齐工具栏。该工具栏中的工具按钮用于对齐选择的对象。

图 6-2-4　绘图工具栏

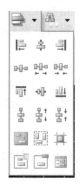

图 6-2-5　对齐工具栏

查找工具按钮为 ，单击该按钮，弹出如图 6-2-6 所示的查找工具栏。该工具栏中的工具按钮用于查找元件或元件组。

标注工具按钮为 ，单击该按钮，弹出如图 6-2-7 所示的标注工具栏。该工具栏中的工具按钮用于标注 PCB 图中的尺寸。

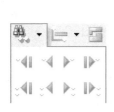

图 6-2-6　查找工具栏　　　　　图 6-2-7　标注工具栏

分区工具按钮为 ，单击该按钮，弹出如图 6-2-8 所示的分区工具栏。该工具栏中的工具按钮用于在 PCB 图中绘制各种分区。

栅格工具按钮为 ，单击该按钮，弹出如图 6-2-9 所示的下拉菜单。在此下拉菜单中可设置 PCB 图中的对齐栅格的大小。

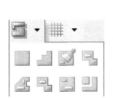

图 6-2-8　分区工具栏　　　　　图 6-2-9　下拉菜单

"Wiring"工具栏如图 6-2-10 所示，该工具栏中的工具按钮用于绘制具有电气意义的铜膜导线、过孔、PCB 元件封装等对象。

图 6-2-10　"Wiring"工具栏

"Filter"工具栏如图 6-2-11 所示，该工具栏用于设置屏蔽选项，在"Filter"工具栏中的

文本框中设置屏蔽条件后，工作区将只显示满足用户设置的对象。

图 6-2-11 "Filter"工具栏

3．工作区

工作区用于显示和编辑 PCB 文档，每个打开的文档都会在设计窗口顶部有自己的标签，在标签上单击鼠标右键可以关闭、修改或平铺打开的窗口。

4．工作面板

PCB 编辑器中的工作面板与 DXP Schematic Editor 中的工作面板类似，单击工作面板标签可以打开相应的工作面板。单击 PCB 编辑器窗口的 PCB 工作面板标签，可以打开 PCB 工作面板，如图 6-2-12 所示。

6.2.3　PCB 编辑器的画面管理

打开系统提供的示例 C:\Program Files\Altium2004 SP2\ Examples\PCB Auto-Routing\PCB Auto-Routing.PrjPCB 中的 Routed BOARD1.PcbDoc 文件，练习各种画面显示的操作。

1．画面显示的缩放

在"View"的下拉菜单中提供了各种有关画面显示的操作命令，如图 6-2-13 所示。

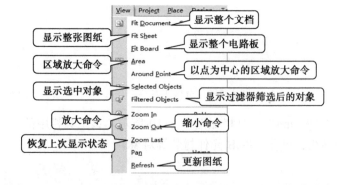

图 6-2-12　PCB 工作面板　　　　　图 6-2-13　"View"的下拉菜单中各种有关画面显示的操作命令

2．画面的移动

PCB 编辑器中画面的移动方式有以下 3 种：

（1）滚动条移动画面。

（2）游标手移动画面。

在 PCB 工作区按住鼠标右键不放，当鼠标变成小手形状时，拖动鼠标可以任意移动 PCB 的显示区域。

（3）微型窗口移动画面

在 PCB 工作面板的下方有一个显示窗口，如图 6-2-14 所示。

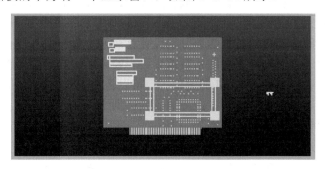

图 6-2-14　微型窗口移动画面

窗口中的矩形框，表示当前编辑窗口所显示的范围。用鼠标拖动该矩形框就可以移动当前的显示画面。

6.3　PCB 工作参数的设置

6.3.1　PCB 编辑器环境设置

1. 坐标系统设置

在进行 PCB 设计的过程中，无论是元件布局还是布线，一切操作都与坐标密切相关，因此坐标系统的设置十分重要。PCB 编辑器中的系统坐标在状态栏中显示，若想显示光标所在位置的坐标，可执行以下操作。

选择主菜单中的"View"→"Status Bar"命令，即可在状态栏中显示光标所在位置的坐标。

PCB 编辑器支持绝对坐标和相对坐标两种模式，默认情况下状态栏中将显示绝对坐标，系统的绝对坐标原点在工作区的左下角。

设置相对坐标的步骤如下。

（1）在主菜单中选择"Edit"→"Origin"→"Set"命令。

（2）单击工作区内的某一点，将该点设置为相对坐标的原点，此时状态栏中将显示"X：0 mil Y：0 mil"。

（3）移动光标，此时状态栏显示的将是光标相对于所设置的原点的坐标值。如果想将坐标恢复到绝对坐标的状态，可在主菜单中选择"Edit"→"Origin"→"Reset"命令，系统将自动恢复绝对坐标状态。通常在自动布局和自动布线过程中都使用绝对坐标。

PCB 编辑器支持公制和英制两种计量单位标准。公制标准采用 mm 为单位，英制标准采用 mil 为单位，100 mil=2.54 mm。而且，系统允许用户随时切换，切换计量标准可以在主菜单中选择"View"→"Tuggle Unit"命令，或使用"Q"快捷键，系统将自动切换计量单位。

2. 网格及图纸设置

PCB 编辑器包括 4 种网格系统，分别为捕捉网格（Snap Grid）、元件网格（Component Grid）、电气网格（Electrical Grid）和可视网格（Visible Grid），这些网格的功能如下。

捕捉网格定义了工作区中限制光标移动位置的一组点阵，移动鼠标时，光标只能在捕捉网格的各点之间移动。

元件网格与捕捉网格相似，当移动或放置元件时，光标只能在元件网格的各点上移动，为元件的整齐布局带来了方便。

捕捉网格和元件网格都可以根据需要分别设置 X 轴和 Y 轴的捕捉格，使器件在不同的方向按照不同的步长移动。恰当地设置网格很重要，一般可以将其设置为引脚距离的整除数。例如，在布放一个引脚距离为 100 mil 的器件时，可以将移动网格设置为 50 mil 或者 25 mil。又如，当在元件的引脚上连线时，可以选择捕捉网格为 25 mil。设置合适的捕捉网格有助于顺序地放置器件和提供最大的布线通道。

电气网格是指移动的电气对象能够作用于或者跳动到其他电气对象上的一种范围，该范围的设定是为了方便电气对象的连接。当用户在工作区内移动一个电气对象时，如果该对象的位置在另外一个电气对象的电气网格范围内，则移动的电气对象在电气节点上。在工作区内移动一个电气对象时，如果落在另外一个电气对象的电气网格范围内，则移动的电气对象将跳动到一个已放置图素的电气点上。

可视网格用于在工作区为用户提供视图参考，系统提供了点状（Dot）和线状（Lines）两种类型的可视网格作为布放和移动的视图参考。在一张视图上可以布置两个不同的可视网格，用户可以根据工作任务的需要独立地设置这些网格的大小，甚至可以设置英制和公制分开的可视网格。

可视网格是显示工作区背景上位置线的系统。这种显示受到当前电子设计图像放大水平的限制，如果看不到可视网格，则说明视图的缩放比例过大或过小。

PCB 编辑器中绘制的 PCB 板图被放置在一张图纸上，当新建 PCB 文档时，系统会自动建立一个 10 000 mil×8 000 mil 的图纸。

以上这些网格及图纸的设置方法如下。

（1）在主菜单中选择"Design"→"Board Option"命令，打开如图 6-3-1 所示的"Board Options"对话框。

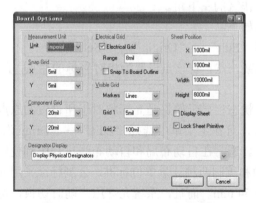

图 6-3-1 "Board Options"对话框

"Board Options"对话框中包含多个选项区域，各选项的功能如下。

① "Measurement Unit"区域用于设置计量的单位，其中"Unit"下拉列表有两个选项，"Metric"表示公制单位，"Imperial"表示英制单位。

② "Snap Grid"区域用于设置捕捉网格的参数，其中"X"和"Y"的参数可以不相同。

③ "Component Grid"区域用于设置元件网格的参数，其中"X"和"Y"的参数可以不相同。

④ "Electrical Grid"区域用于设置电气网格的参数。

a. "Electrical Grid"复选框用于设置是否使用电气网格。

b. "Range"下拉列表用于选择电气网格的大小。

c. "Snap To Board Outline"复选框用于设置是否捕获 PCB 的边框。

⑤ "Visible Grid"区域用于设置可视网格的类型和大小。

a. "Makers"下拉列表用于选择可视网格的显示方式。

b. "Grid1"和"Grid2"下拉列表分别用来设置显示的两个可视网格的大小。

⑥ "Sheet Position"区域用于设置绘制 PCB 的图纸页面大小和位置。

a. "X"、"Y"文本框用于设置页面的左下角顶点的绝对坐标。

b. "Width"和"Height"文本框分别用来设置图纸页面的宽和高。

c. "Display Sheet"复选框用来设置显示页面。

d. "Lock Sheet Primitive"复选框表示锁定原始页面。

⑦ "Designator Display"区域用于设置元件编号的显示。

（2）在"Board Options"对话框中设置各种网格参数后，单击"OK"按钮即可。

6.3.2　PCB 的设置

1．PCB 的板层设置

PCB 的板层在"Layer Stack Manager"对话框中设置，步骤如下。

（1）在主菜单中选择"Design"→"Layer Stack Manager…"命令，或者在工作区单击鼠标右键，在弹出的快捷菜单中选择"Options"→"Layer Stack Manager…"命令，如图 6-3-2 所示，打开如图 6-3-3 所示的"Layer Stack Manager"对话框。

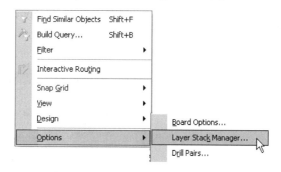

图 6-3-2　选择"Options"→"Layer Stack Manager…"命令

（2）在"Layer Stack Manager"对话框中选中"Core（0.32 mm）"，单击"Properties…"按钮，或直接双击"Core（0.32 mm）"，打开如图 6-3-4 所示的"Dielectric Properties"对话框。

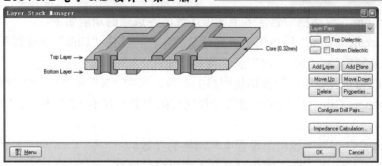

图 6-3-3 "Layer Stack Manager" 对话框

"Dielectric Properties" 对话框用于设置 PCB 中绝缘层的参数，其各选项的具体功能如下。

① "Material" 文本框用于设置绝缘层的材料。

② "Thickness" 文本框用于设置绝缘层的厚度。

③ "Dielectric constant" 文本框用于设置绝缘层的介电常数。

（3）在 "Dielectric Properties" 对话框的 "Thickness" 文本框中输入 "1.5 mm"，然后单击 "OK" 按钮，设置绝缘层厚度为 "1.5 mm"。

（4）选中图 6-3-3 中的 "Top Dielectric" 复选框和 "Bottom Dielectric" 复选框，在 PCB 的顶层和底层添加阻焊层，如图 6-3-5 所示。

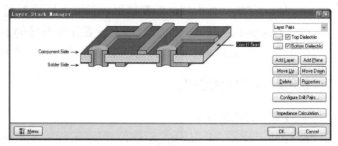

图 6-3-4 "Dielectric Properties" 对话框   图 6-3-5 添加的阻焊层

在 "Layer Stack Manager" 对话框中各按钮的功能如下。

① "Add Layer" 按钮用于在 PCB 中添加信号层。

对信号层可以设置该层的名称（Name）、印制铜的厚度（Copper Thickness）；对内电层可以设置工作层的名字、印制铜的厚度、节点名称（Net Name）和设定去掉边铜宽度（Pullback）。信号层的属性修改如图 6-3-6 所示。

图 6-3-6 信号层的属性修改

② "Add Plane" 按钮用于在 PCB 中添加电源层。

在没有将 SCH 网络表的信息传输过来的情况下，内电层是不能命名的。在有网络节点的情况下，可以对内电层进行命名。电源层的属性修改如图 6-3-7 所示。

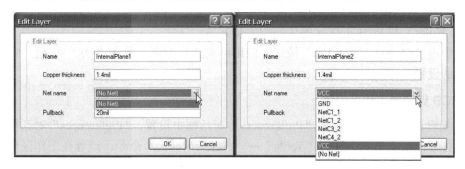

图 6-3-7　电源层的属性修改

内电层的分割：当需要几个网络共享一个电源层时，可以将其分割成几个区域。通常的做法是将引脚最多的网络最先指定到电源层，然后为将要连接到电源层的其他网络定义各自的区域，每个区域由被分割网络中所有引脚的特定边界规定。任何没有在边界线中的引脚仍然显示飞线，表示它们必须连线连接。

③ "Delete" 按钮用于删除所选择的层。

④ "Move Up" 按钮用于将所选的层上移。

⑤ "Move Down" 按钮用于将所选的层下移。

2．PCB 板层颜色设置

PCB 各层对象的显示颜色在 "Board Layers and Colors" 对话框中设置，具体步骤如下。

（1）在主菜单中选择 "Design" → "Board Layers and Colors…" 命令，或者在工作区单击鼠标右键，在弹出的菜单中选择 "Options" → "Board Layers and Colors…" 命令，打开如图 6-3-8 所示的 "Board Layers and Colors" 对话框。

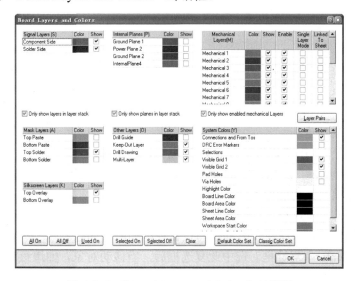

图 6-3-8　"Board Layers and Colors" 对话框

在"Board Layers and Colors"对话框中，有 6 个区域分别用于设置将在工作区显示的层及其颜色。在每个区域中有一个"Show"复选框，选中后，工作区中将显示该层标签页。单击"Color"列下的色彩条，打开"Choose Color"对话框，在该对话框中对电路板层的颜色进行编辑。在"System Colors"区域中设置包括可见栅格（Visible Grid）、焊盘孔（Pad Holes）、过孔（Via Holes）和 PCB 工作区等项的颜色及其显示。

（2）单击"Classic Color Set"按钮，应用经典色彩设置，单击"OK"按钮，完成 PCB 板层颜色的设置。

3．PCB 编辑器工作区设置

PCB 编辑器的工作区选项在"Preferences"对话框中设置，"Preferences"对话框可使用以下方式打开：在主菜单中选择"Tools"→"Preferences…"命令，或者在工作区单击鼠标右键，在弹出的快捷菜单中选择"Options"→"Preferences…"命令，或使用快捷键"Ctrl+0"，打开如图 6-3-9 所示的"Preferences"对话框。

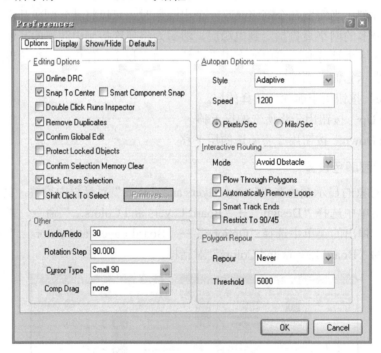

图 6-3-9 "Preferences"对话框

1）"Options"选项卡

"Options"选项卡为用户提供了有关 PCB 编辑器的常规设置。

（1）"Editing Options"区域。"Editing Options"区域用于设置有关 PCB 编辑器的编辑选项，该区域中的选项及其功能如下。

①"Online DRC"复选框。用于设置在线设计规则检查，默认设置为选中。选中该复选框后，用户进行操作时，系统将实时提示与设计规则相冲突的点。

②"Snap To Center"复选框。选中此复选框后，当移动对象，如焊盘或过孔时，光标将捕捉对象的中心。

③ "Click Clears Selection" 复选框。选中该复选框后，只需单击屏幕中的其他部分，即可解除对象的选中状态。

④ "Double Click Runs Inspector" 复选框。选中此复选框后，在对象上双击，将打开 "Inspector" 对话框。若未选中此复选框，在对象上双击时，将打开对象的属性对话框。默认设置为取消选中。

⑤ "Remove Duplicates" 复选框。选中该复选框后，数据在准备输出时将检查输出数据，并删除重复数据。

⑥ "Confirm Global Edit" 复选框。选中该复选框后，全局编辑时会弹出一个 "Confirm" 消息框报告全局编辑所替换的对象数目，并允许取消全局编辑。

⑦ "Protect Locked Objects" 复选框。选中该复选框后，所有锁定的对象将不能被移动。

⑧ "Shift Click To Select" 复选框。选中该复选框后，需要按住 "Shift" 键，同时单击才能选中特定的对象。用户可单击 "Primitives…" 按钮，在打开的如图 6-3-10 所示的 "Shift Click To Select" 对话框中设置时需要按住 "Shift" 键，同时单击才能选中对象种类。

⑨ "Confirm Selection Memory Clear" 复选框。选中该复选框后，将弹出如图 6-3-11 所示的 "Selection Memory" 对话框，在该对话框中清除选择对象存储器时，会打开如图 6-3-12 所示的 "Confirm" 对话框，要求用户确认或取消清除操作。

图 6-3-10 "Shift Click To Select" 对话框

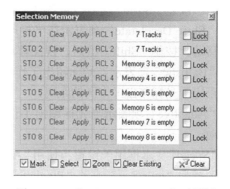

图 6-3-11 "Selection Memory" 对话框

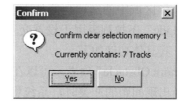

图 6-3-12 "Confirm" 对话框

（2）"Other" 区域。"Other" 区域用于设置编辑器中的其他选项，该区域中的选项及其功能如下。

① "Undo/Redo" 文本框用于设置操作记录堆栈的大小，指定最多取消多少次以前的操作。在此文本框中输入 "0"，会清空堆栈。

② "Rotation Step" 文本框用于输入当能旋转的对象悬浮于光标上时，每次单击 "Space" 键使对象逆时针旋转的角度。默认旋转角度为 90°。若同时按下 "Shift" 键和 "Space" 键，

则顺时针旋转。

③ "Cursor Type" 下拉列表用于设置在进行对象编辑时光标的类型。Protel DXP 2004 提供 3 种光标类型，"Small 90" 表示小 "十" 字形，"Large 90" 表示大 "十" 字形，"Small 45" 表示 "×" 形。

④ "Comp Drag" 下拉列表用于设置对元件的拖动。若选择 "None"，则拖动元件时只移动元件；若选择 "Connected Tracks"，则拖动元件时，元件上的连接线会一起移动。

（3）"Autopan Option" 区域。"Autopan Option" 区域用于设置工作区的自动摇景功能，该区域中的选项功能如下。

① "Style" 下拉列表用于设置自动摇景功能的模式，PCB 编辑器共提供了 6 种自动摇景模式。

a. "Re-Center" 项表示在光标接近窗口边界时，调整工作区显示的图纸位置，使光标所在的点位于新的工作区视图的正中间。

b. "Fixed Size Jump" 项表示当光标超出工作区边界时，工作区显示的视图会连续移动，且移动的速度与图纸的缩放比例成正比，即工作区视图的放大比例越大，视图的移动速度越慢。

c. "Shift Accelerate" 项表示在光标超出工作区边界时，工作区显示的视图会按照设置的步长移动。按住 "Shift" 键后，视图移动的速度将增加。

d. "Shift Decelerate" 项表示在光标超出工作区边界时，工作区显示的视图会按照设置的步长移动。按住 "Shift" 键后，视图移动的速度将减小。

e. "Ballistic" 项表示当光标超出工作区边界时，工作区显示的视图会连续移动，且移动的速度正比于光标移出工作区的距离。

f. "Adaptive" 项表示当光标超出工作区边界时，工作区显示的视图会按照设置的速度连续移动。

② "Speed" 文本框用于设置当使用 "Adaptive" 模式时，视图的移动速度，默认值为 1200，单位可选择为 "mils/Sec" 或者 "Pixels/Sec"。

（4）"Interactive Routing" 区域。"Interactive Routing" 区域用于设置交互布线中的一些重要选项，该区域中的选项功能如下。

① "Mode" 下拉列表用于设置交互布线的模式，PCB 编辑器提供了 3 种交互布线的模式供选择，其具体功能如下。

a. "Ignore Obstacle" 项表示可以在工作区的任何地方放置元素。若选择了 "Online DRC" 复选框，当出现间距的冲突时，系统将自动给出错误信号。

b. "Avoid Obstacle" 项表示只能在不破坏任何间距设计规则的位置放置对象。该选项在布线时特别有用。因为它允许避开已存在的器件，所以不用担心破坏任何间距规则。

c. "Push Obstacle" 项表示在布线过程中将会 "推开" 不符合间距设计规则的线。

在布线的过程中，可以使用快捷键 "Shift+R" 在这 3 种模式中切换。

② "Automatically Remove Loops" 复选框。选中该复选框后，系统会自动删除使用手工连线时生成的导线环路。建议选中该复选框。

③ "Smart Track Ends" 复选框。用于设置网络分析器对布线的断点显示方式。选中该复选框后，对那些仍有其他连接方式的线，以实型飞线显示连接到网络中最近的点；而对于断

线，则以点画飞线显示，连接到应连接的点。不选该复选框时，断线端点以实型飞线显示未连接线。

④ "Plow Through Polygons" 复选框。选中该复选框后，可在多边形敷铜区域中走线，走线后多边形可以根据 "Polygon Repour" 区域的设置自动重新敷铜。

（5） "Polygon Repour" 区域。"Polygon Repour" 区域用于设置多边形敷铜区域被修改后，重新敷铜时的各种参数，该区域中的选项功能如下。

① "Repour" 下拉列表用于选择多边形敷铜区域被修改后，重新敷铜的方式。PCB 编辑器提供了 3 种重新敷铜的方式，具体意义如下。

a. "Never" 项表示不启动自动重新敷铜。

b. "Threshold" 项表示当超过某限定值自动重新敷铜。

c. "Always" 项表示只要多边形发生变化，就自动重新敷铜。

② "Threshold" 文本框用于设定重新敷铜的极限值，只有 "Repour" 设置中选择了 "Threshold" 选项后，该设置才有效。

2） "Display" 选项卡

"Display" 选项卡如图 6-3-13 所示，该选项卡用于设置所有有关工作区显示的方式，其中选项的具体功能如下。

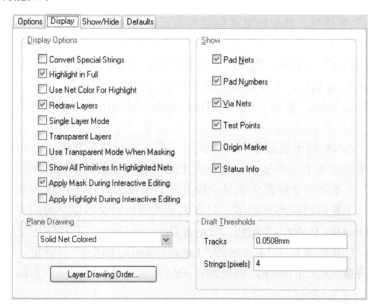

图 6-3-13　"Display" 选项卡

（1） "Display Options" 区域。"Display Options" 区域中各复选框的具体功能如下。

① "Convert Special Strings" 复选框。选中该复选框后，图纸中的特殊字符串，如 LAYER-NAME 或 PRINT-DATE 等，会在屏幕上显示解释值。若未选中该复选框，则只显示字符串本身。

② "Highlight in Full" 复选框。选中该复选框后，选中的对象会全部高亮显示。若未选中该复选框，则所选择的器件仅轮廓高亮显示。

③"Use Net Color For Highlight"复选框。选中该复选框后，使用网络色彩高亮显示被选中的网络，该复选框与"Highlight in Full"复选框一起使用可得到更好的效果。

④"Redraw Layers"复选框。选中该复选框后，当在层间切换时会自动重绘所有层。当前层最后重绘，若只要求重绘当前层可使用"Alt+End"快捷键。

⑤"Single Layer Mode"复选框。选中该复选框后，只显示当前层，这是检验每一层 PCB 图的好方法。使用"+"和"−"键在层间切换，按"End"键可以重绘屏幕。

⑥"Transparent Layers"复选框，选中该复选框后，当重叠一个对象在另一层的对象上时，重叠部分将改变其颜色。这样能很容易地识别被当前层的对象覆盖的对象。

（2）"Plane Drawing"区域。"Plane Drawing"区域用于设置电源层的分割区域显示方式，其中"Plane Drawing"下拉列表共有 3 个选项，其意义如下。

①"Solid Net Colored"项表示以网络色实心显示电源层的分割区域。

②"Outlined Net Colored"项表示仅以网络色显示电源层的分割区域轮廓。

③"Outlined Layer Colored"项表示仅以板层色显示电源层的分割区域轮廓。

（3）"Show"区域。"Show"区域用于设置图纸中的信息显示，其中各复选框功能如下。

①"Pad Numbers"复选框。选中该复选框后将显示焊盘序号。

②"Pad Nets"复选框。选中该复选框后将显示焊盘网络名。

③"Via Nets"复选框。选中该复选框后将显示过孔网络名。

④"Test Points"复选框。选中该复选框后将显示测试点标号。

⑤"Origin Marker"复选框。选中该复选框后将显示原点标记。

⑥"Status Info"复选框。选中该复选框后将显示状态栏信息。

（4）"Draft Thresholds"区域。"Draft Thresholds"区域用于设置线及字符串显示模式转换阈值。

①"Tracks"文本框用于设置在草图模式下工作区显示线条的模式转换宽度值，宽度低于此设置值的线条将用单个线条显示，所有大于此宽度的线条会以轮廓线的方式显示。

②"Strings"文本框用于设置文字显示模式的转换阈值。在当前视图下，所有小于此像素点的文本将以一个轮廓框的形式表示，只有大于此阈值的文本以字符的方式显示。

（5）"Layer Drawing Order…"按钮。"Layer Drawing Order…"按钮用于设置层重绘的顺序，单击该按钮，打开如图 6-3-14 所示的"Layer Drawing Order"对话框。在对话框列表中的层的顺序就是将重绘的层的顺序，列表顶部的层就是屏幕上显示的最上部的层。

3）"Show/Hide"选项卡

"Show/Hide"选项卡如图 6-3-15 所示，该选项卡用于设定各类对象显示模式。

（1）"Final"单选项表示以终稿模式显示对象，其中每一个图素都以实心显示。

（2）"Draft"单选项表示以草稿模式显示对象，其中每一个图素都以草图轮廓形式显示。

（3）"Hidden"单选项表示隐含不显示对象。

"Show/Hide"选项卡中可设置的对象有："Arcs（圆弧）"、"Fills（填充）"、"Pads（焊盘）"、"Polygons（多边形）"、"Dimensions（尺寸标注）"、"Strings（字符串）"、"Tracks（线）"、"Vias（过孔）"、"Coordinates（标尺）"、"Rooms（区域）"和"From Tos（连接）"等。

图 6-3-14　"Layer Drawing Order"对话框

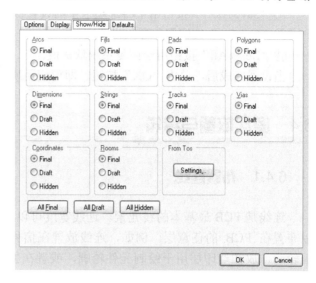

图 6-3-15　"Show/Hide"选项卡

4）"Defaults"选项卡

"Defaults"选项卡如图 6-3-16 所示，PCB 编辑器中每个对象的默认值都是在该选项卡中进行配置的。

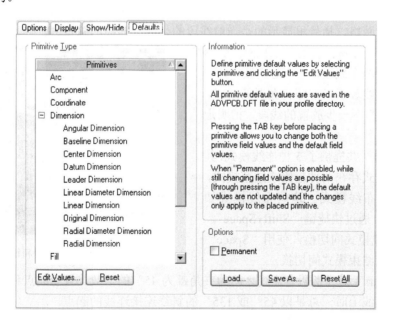

图 6-3-16　"Defaults"选项卡

在"Primitives"列表中选择需要更改的项，然后单击"Edit Values…"按钮，打开对应的属性对话框，在此对话框中编辑参数。

"Reset"按钮用于恢复系统默认值。

"Options"区域用于对选项设置文件进行操作。其中各按钮的功能如下。

①"Save As…"按钮用于将选项卡中的设置保存为文件。

②"Load…"按钮用于导入设置文件。

③"Reset All"按钮用于恢复系统默认值。

当设置完成后，单击"OK"按钮，即可应用所有的设置。

6.4　图件放置与编辑

6.4.1　布置连线

连线是 PCB 最基本的线元素。连线宽度可以在 0.001～10 000 mil 之间调节，连线可以布置在 PCB 的任意层。例如，连线放置在信号层，用作布线连接，放在机械层中定义板轮廓，放在丝印层用于绘制元件轮廓，或者在禁布层定义"禁布区"等。放置连线的步骤如下。

（1）在工作区选择布置连线的电路层，使用"*"键可在信号层之间切换，使用"+"和"–"键可以在所有层之间切换。

（2）单击"Wiring"工具栏中的布置连线按钮，或者从菜单中选择"Place"→"Interactive Routing"命令。此时，状态栏上会显示提示信息"Choose Start location"。

（3）移动光标至连线起点，单击鼠标或按下"Enter"键确定连线的起始位置。此时，状态栏显示连线的网格，括号里显示的是当前线段的长度和连线的总长度。

（4）在工作区移动光标，工作区显示如图 6-4-1 所示的两个线段，一个是实线，另一个是轮廓线。实线表示当前即将布置的线段，轮廓线是"预测"下一步放置的线段，指明走线的方向。

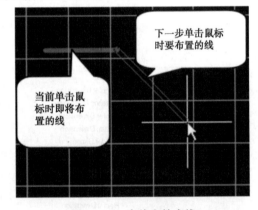

PCB 编辑器一共提供了 5 种连线模式，其中有 4 种连线模式存在两种起始或结束模式，所以共有 9 种布线模式。这些布线模式如图 6-4-2 所示。通过快捷键"Shift+Space"，可以在 5 种连线模式间切换，使用"Space"键可以在起始或结束模式间切换。

图 6-4-1　实线和轮廓线

"Line 45 Start"模式指所有连线之间的夹角都为 45°的倍数，且当起点和终点不在同一条水平线或垂直线上时，总是以 45°或 135°的斜线连接连线的起点。

"Line 45 End"模式指所有连线之间的夹角都为 45°的倍数，且当起点和终点不在同一条水平线或垂直线上时，总是以 45°或 135°的斜线连接连线的终点。

"Line 45 Start-rounded corner"模式与"Line 45 Start"模式基本相同，区别在于所有直线之间的 135°夹角都采用圆角过渡。

"Line 45 End-rounded corner"模式与"Line 45 End"模式基本相同，区别在于所有直线之间的 135°夹角都采用圆角过渡。

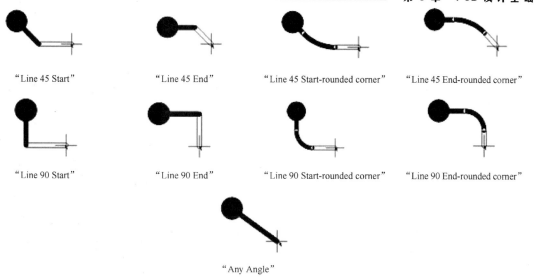

图 6-4-2　系统提供的布线模式

"Line 90 Start"模式指所有连线都采用垂直线或水平线，且当起点和终点不在同一条水平线或垂直线上时，总是以垂直线连接连线的起点。

"Line 90 End"模式指所有连线都采用垂直线或水平线，且当起点和终点不在同一条水平线或垂直线上时，总是以垂直线连接连线的终点。

"Line 90 Start-rounded corner"模式与"Line 90 Start"模式基本相同，区别在于所有直线之间的夹角都采用圆角过渡。

"Line 90 End-rounded corner"模式与"Line 90 End"模式基本相同，区别在于所有直线之间的夹角都采用圆角过渡。

"Any Angle"模式指所有的连线都采用直接连接的形式，允许连线线段被放置为任何角度。

在-rounded corner 的模式下按"."快捷键会增大圆角半径，按","快捷键会减小圆角半径。

（5）按"Tab"键，打开如图 6-4-3 所示的"Interactive Routing"对话框。

"Interactive Routing"对话框分为两个区域。

① "Properties"区域用于设置连线和过孔的属性。该区域中的"Trace Width"文本框用于设置连线宽度；"Routing Via Hole Size"文本框用于设置与该连线相连的过孔的内径；"Routing Via Diameter"文本框用于设置与该连线相连的过孔的外径；"Layer"文本框用于设置当前布线的 PCB 板层。

② "Design Rule Constraints"区域用于显示设计规则参数。"Menu"按钮用于打开设置设计规则参数的下拉菜单。

（6）单击"Menu"按钮，在弹出的下拉菜单中选择"Edit Width Rule"命令，打开如图 6-4-4 所示的"Edit PCB Rule–Max-Min Width Rule"对话框。

（7）在"Edit PCB Rule–Max-Min Width Rule"对话框的"Constraints"区域的"Max Width"文本框内输入"2 mm"，单击"OK"按钮，将最大连线宽度设置为"2 mm"。

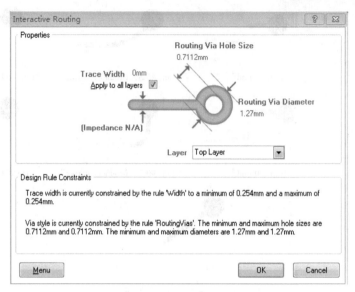

图 6-4-3 "Interactive Routing" 对话框

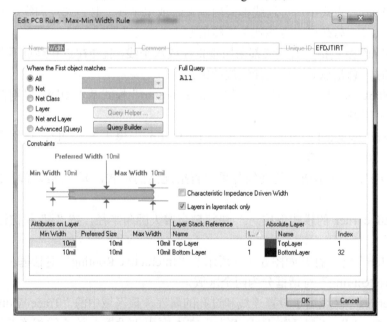

图 6-4-4 "Edit PCB Rule–Max–Min Width Rule" 对话框

（8）在"Interactive Routing"对话框的"Trace Width"文本框内输入当前布置的连线宽度，该值应介于最小连线宽度和最大连线宽度之间，本例中可输入的值的范围为"0.3～2 mm"。然后单击"OK"按钮，结束对直线属性的更改。

（9）移动光标到实际连线结束处，单击鼠标，布置第一个线段。

（10）移动光标开始一个新的连线线段，这个新线段将从已经放置的连线线段处开始延伸，移动光标并按下"Space"键，可以改变连线的放置模式。每次定义一个连线线段时单击鼠标或按"Enter"键确认。如果操作错误，可以按"Backspace"键去掉最后一个连线元素。

（11）单击鼠标右键结束此次连续线段的布置。

（12）重复步骤（3）～（11），布置其他的连线线段。

（13）所有的连线线段布置完毕后，单击鼠标右键或者按"Esc"键，结束连线的布置。

6.4.2 布置线段

布置线段的方法如下。

（1）单击"Utilities"工具栏中的绘图工具按钮，在弹出的工具栏中选择线段工具按钮，或者在主菜单中选择"Place"→"Line"命令，即可启动布置线段命令。

（2）按照 6.4.1 节中介绍的布置连线的方法，布置线段。

（3）布置完毕后单击鼠标右键，结束线段的布置操作。

6.4.3 布置焊盘

放置焊盘的步骤如下。

（1）单击"Wiring"工具栏中的布置焊盘工具按钮，或者在主菜单中选择"Place"→"Pad"命令，启动放置焊盘命令。

（2）按"Tab"键，打开如图 6-4-5 所示的"Pad"对话框。

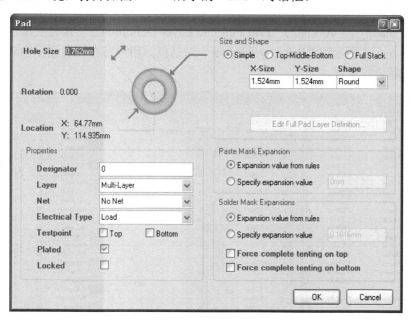

图 6-4-5 "Pad"对话框

"Pad"对话框用于设置焊盘的属性，其中各选项的功能如下。

① "Hole Size"文本框用于设置焊盘中间通孔的直径。

② "Rotation"文本框用于设置焊盘的旋转角度。

③ "Location"区域中的"X"、"Y"文本框用于设置焊盘的位置坐标。

④ "Properties"区域用于设置焊盘的属性，其中各项的功能如下。

a. "Designator"文本框用于设置焊盘的编号，焊盘最多能用 20 个文本字符或数字字符标志，通常用于提供元件引脚数字。编号中间不允许出现空格，但可根据需要在左边留有空格。如果放置的初始焊盘有数字标号，则随后放置的焊盘的标号会每次自动加 1。

b．"Layer"下拉列表用于设置焊盘所在的 PCB 板层。

c．"Net"下拉列表用于设置焊盘所在的网络。

d．"Electrical Type"用于设置焊盘的电气类型，有"Load（负荷）"、"Terminate（终端）"和"Source（源）"3 个选项。

e．"Testpoint"栏中有两个复选框，分别是"Top"和"Bottom"，用于在顶部或底部布置测试点。

f．"Plated"栏中的复选框用于设置焊盘是否镀锡。

g．"Locked"栏中的复选框用于锁定焊盘。

⑤"Size and Sharp"区域用于设置焊盘的大小和形状，其中包括 3 个单选项，这些单选项的功能分别如下。

a．"Simple"单选项表示焊盘在 PCB 各层中的大小和形状完全相同，用户只需要设置一组"X-Size"、"Y-Size"和"Shape"参数即可。

b．"Top-Middle-Bottom"单选项表示焊盘在 PCB 的顶层、中间各层及底层的尺寸和形状不同，需要用户分别设置焊盘在 PCB 的顶层、中间各层、底层的尺寸和形状。

c．"Full Stack"单选项表示焊盘在 PCB 各层中的大小和形状都需要单独设置，选中该项后，"Size and Sharp"区域底部的"Edit Full Pad Layer Definition…"按钮被激活，单击该按钮，打开如图 6-4-6 所示的"Pad Layer Editor"对话框。用户可在该对话框中对焊盘在每一层的大小、形状进行设置。

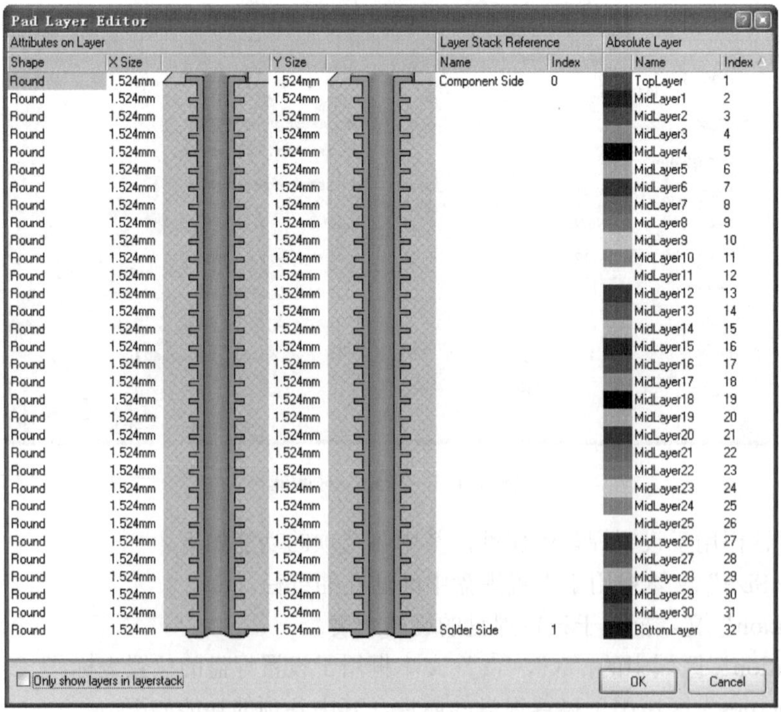

图 6-4-6 "Pad Layer Editor"对话框

⑥ "Paste Mask Expansion" 区域用于设置表面粘贴元件焊盘上的防止粘贴区域，其中各选项的功能如下。

a. "Expansion value from rules" 单选项表示按照设计规则设置焊盘的防止粘贴区。

b. "Specify expansion value" 单选项表示按照输入的数值设置焊盘的防止粘贴区。

⑦ "Solder Mask Expansions" 区域用于设置焊盘上的阻焊区域，其中选项的功能分别如下。

a. "Expansion value from rules" 单选项表示按照设计规则设置焊盘的阻焊区。

b. "Specify expansion value" 单选项表示按照输入的数值设置焊盘的阻焊区。该项被选中后，用户可在右侧的文本框内输入防止粘贴区的数值。

c. "Force complete tenting on top" 复选框。选中该复选框后，焊盘忽略设置规则中的任何阻焊规定，在顶层不添加阻焊。

d. "Force complete tenting on bottom" 复选框。选中该复选框后，焊盘忽略设置规则中的任何阻焊规定，在底层不添加阻焊。

（3）在 "Pad" 对话框中设置焊盘的参数信息，单击 "OK" 按钮。

（4）移动光标到工作区合适位置，单击鼠标，即可布置一个焊盘。

（5）继续布置其他的焊盘，当所有焊盘布置完毕后，单击鼠标右键，或按 "Esc" 键，结束焊盘的布置。

6.4.4　布置过孔

手动布置过孔的步骤如下。

（1）在 "Wiring" 工具栏中选择布置过孔工具按钮，或者在主菜单中选择 "Place" →"Via" 命令，启动放置过孔命令。

（2）按 "Tab" 键，打开如图 6-4-7 所示的 "Via" 对话框。

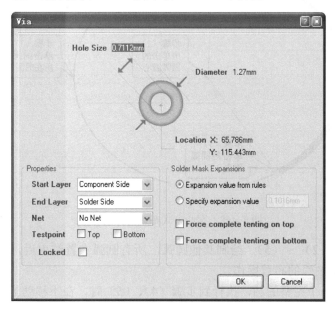

图 6-4-7　"Via" 对话框

"Via" 对话框用来设置过孔的属性，其中 "Properties" 区域中的 "Start Layer" 下拉列表用于设置过孔的起始 PCB 板层，"End Layer" 下拉列表用于设置过孔的终止 PCB 板层。对话框中的其余选项与 "Pad" 对话框中相应的选项功能相同，读者可参考 "Pad" 对话框中的选项介绍。

（3）在 "Via" 对话框中设置过孔的属性项，然后单击 "OK" 按钮。

（4）移动光标到工作区的合适位置，单击鼠标，即可布置一个过孔。

（5）继续布置其他过孔，当所有焊盘布置完毕后，单击鼠标右键，或按 "Esc" 键，结束过孔的布置。

6.4.5 布置圆弧线

1. 圆心方式布置圆弧

（1）在工作区选择需要绘制圆弧的 PCB 板层，单击 "Utilities" 工具栏中的绘图工具按钮，在弹出的工具栏中选择圆心方式圆弧工具按钮，或者在主菜单中选择 "Place" → "Arc（Center）" 命令。

状态栏上会显示 "Start Arc Center"，提示用户设置圆弧的圆心。

（2）移动光标到将要放置圆弧的圆心位置，单击鼠标，确定圆弧的圆心。

（3）移动光标，调整圆弧所在圆的半径至合适大小后，单击鼠标，确定圆弧所在的圆。

（4）在圆弧所在的圆上移动光标，至圆弧的起点处，单击鼠标，确定圆弧起点。

（5）在圆弧所在的圆上移动光标，至圆弧的终点处，单击鼠标，确定圆弧终点。

这样，一个圆布置完毕，布置圆弧的过程如图 6-4-8 所示。

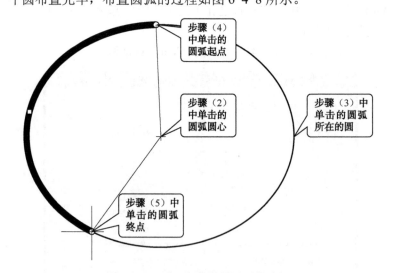

图 6-4-8　圆心方式布置圆弧的过程

（6）重复步骤（2）～（5），绘制其他圆弧，所有圆弧布置结束后，单击鼠标右键或者按 "Esc" 键，结束圆弧的布置操作。

如果想要定义一个完整的圆，执行到步骤（4）、（5）时，在不移动鼠标的情况下，连续单击鼠标即可。

2．确定圆弧的两个端点方式布置圆弧

确定圆弧的两个端点方式布置圆弧只能绘制圆心角为 90°的圆弧。操作方法如下。

（1）单击"Wiring"工具栏中的圆弧工具按钮，或者在主菜单中选择"Place"→"Arc（Edge）"命令。

（2）移动光标到圆弧的起点，单击鼠标，确定圆弧的起点。

（3）移动光标到圆弧的终点，单击鼠标，确定圆弧的终点，完成一个圆弧的绘制。

（4）重复步骤（2）、（3）布置新的圆弧。当所有圆弧布置完毕后，单击鼠标右键或者按"Esc"键，结束布置圆弧的操作。

3．任意角度方式布置圆弧

以圆弧的一端作为起点，放置一个任意角度的圆弧。这种布置圆弧的方法与圆心方式布置圆弧类似，操作方法如下。

（1）单击"Utilities"工具栏中的绘图工具按钮，在弹出的工具栏中选择任意角度圆弧工具按钮，或者在主菜单中选择"Place"→"Arc（Any Angle）"命令。

（2）移动光标到圆弧的起点，单击鼠标，确定圆弧的起点。

（3）移动光标到圆弧的圆心，单击鼠标，确定圆弧的圆心。

（4）移动光标到圆弧的终点，单击鼠标，确定圆弧的终点。

这样，一个圆弧布置完毕，布置圆弧的过程如图 6-4-9 所示。

（5）重复步骤（2）～（4），布置其他的圆弧，所有圆弧布置结束后，单击鼠标右键或者按"Esc"键，结束布置圆弧的操作。

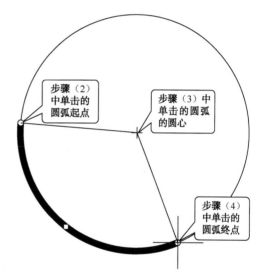

图 6-4-9　任意角度圆弧布置过程

6.4.6　布置填充区域

布置填充区域的步骤如下。

（1）在工作区选择需要布置填充区域的 PCB 板层。

（2）单击"Wiring"工具栏中的填充工具按钮，或者在主菜单中选择"Place"→"Fill"命令，启动填充命令。

（3）按"Tab"键，打开如图 6-4-10 所示的"Fill"对话框。

"Fill"对话框用于设置填充的属性，其中各选项的功能如下。

① "Corner 1"和"Corner 2"中的"X"、"Y"文本框用于设置填充区域的两对角点的坐标。

② "Rotation"文本框用于设置填充的矩形区域逆时针旋转的角度。

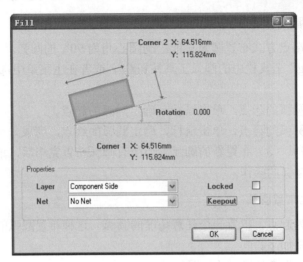

图 6-4-10 "Fill"对话框

③ "Properties"区域用于设置填充区域的特性，其中各选项的功能如下。

a. "Layer"下拉列表用于设置填充区域所在的 PCB 板层。

b. "Net"下拉列表用于设置填充区域所连的网络。

c. "Locked"复选框用于设置锁定该填充区域。

d. "Keepout"复选框用于设置该填充区域为布线禁区。

（4）在"Fill"对话框中设置填充区域的属性，然后单击"OK"按钮完成设置。

（5）在工作区移动光标到合适位置，单击鼠标，确定填充区域矩形的一个顶点。

（6）移动光标到对角处，单击鼠标，确定填充区域矩形的另一个对角的顶点，完成这个填充区域的布置。

（7）重复以上操作，继续布置其他填充区域，当所有填充区域布置完毕后，单击鼠标右键或按"Esc"键，结束布置填充区域的操作。

6.4.7　布置字符串

Protel DXP 2004 中的字符串最多可有 254 个字符（包括空格）。它能被放在任何层，宽度可在 0.001～10 000 mil 之间变化。系统提供了 3 种字体绘制文本。默认的形式是简单的矢量字体，这种字体支持笔绘和矢量光绘。"SansSerif"字体和"Serif"字体相对复杂一些，使用这两种字体会降低生成输出文件的速度，如影响 Gerber 的生成速度。

所有的文本字符串（元件标号、元件注释和自由文本字符串）都有相同的属性，并能以相同的方法移动和编辑。自由文本能被放在任何层。当元件被放置的时候，元件上的文本被自动地指定在丝印层的顶部或底部，这些文本不能被移到任意层。

PCB 编辑器支持"Special Strings（特殊字符串）"功能。当输出文件的时候，特殊字符串会被替换成该字符串所代表的意义。放置字符串的操作方法如下。

（1）在工作区选择放置字符串的 PCB 板层，单击"Wiring"工具栏中的字符串工具按钮，或者选择"Place"→"String"命令。

（2）按"Tab"键，打开如图 6-4-11 所示的"String"对话框。

"String"对话框用于设置添加的字符串属性，其中各选项的功能如下。

①"Width"文本框用于设置矢量文字中笔画线条的宽度。

②"Height"文本框用于设置矢量文字的高度。

③"Rotation"文本框用于设置矢量文字的旋转角度。

④"Location"文本框用于设置矢量文字左下角的位置坐标。

⑤"Properties"区域用于设置字符串的性质，其中各选项的功能如下。

图 6-4-11　"String"对话框

a."Text"下拉列表用于设置文字的内容。

b."Layer"下拉列表用于设置布置字符串的 PCB 板层。

c."Font"下拉列表用于设置字符串的字体。

d."Locked"复选框用于设置锁定字符串。

e."Mirror"复选框用于设置镜像翻转字符串。

（3）在"String"对话框"Properties"区域的"Text"下拉列表内，输入字符串或者从列表中选择特殊字符串。

（4）在"String"对话框中设置字符串的其他属性，单击"OK"按钮完成设置。

（5）在工作区单击鼠标，布置字符串到指定位置。放置字符串时，按下"X"或"Y"键可以沿该坐标轴镜像，按下"Space"键可以旋转字符串。

（6）重复以上步骤，继续布置其他字符串，所有字符串布置完成后，单击鼠标右键或按"Esc"键，结束布置字符串的操作。

在"String"对话框"Properties"区域的"Text"下拉列表内提供了特殊字符串"Special Strings"，这些特殊字符用来放置一些特殊用途的文本，该文本在打印、绘图或生成 Gerber 文件时被替换成对应的字符串。特殊字符串的定义如表 6-4-1 所示。

表 6-4-1　特殊字符串及其含义

特殊字符串	表示的含义	特殊字符串	表示的含义
PRINT DATA	打印日期	HOLE COUNT	孔计数
PRINT TIME	打印时间	NET COUNT	网络计数
PRINT SCALE	打印标尺	PAD COUNT	焊盘计数
LAYER NAME	层名	STRING COUNT	字符串计数
PCB FILE NAME	PCB 文件名	TRACK COUNT	连线计数
PCB FILE NAME NO PATH	PCB 无路径文件	VIA COUNT	过孔计数
POLT FILE NAME	绘图文件名	DESIGNATOR	标号
ARC COUNT	圆弧线计数	COMMET	注释
COMPONENT COUNT	元件计数	LEGEND	图例
FILL COUNT	填充计数	NET NAMES ON LAYER	网络层名

6.4.8　布置 PCB 元件封装

元件封装是 PCB 中用得最多的组对象，由元件的引脚焊盘、定义元件的物理形状图形等一组对象组合而成。在由原理图生成 PCB 板图的步骤中，系统会自动将元件的 PCB 封装图布置到 PCB 板层上，用户只需调整元件封装的布局即可，当需要手动添加 PCB 元件封装时，可执行以下步骤。

（1）在工作区选择需要布置 PCB 元件封装的 PCB 板层，单击"Wiring"工具栏中的布置 PCB 元件封装工具按钮，或者在主菜单中选择"Place"→"Component..."命令，打开如图 6-4-12 所示的"Place Component"对话框。

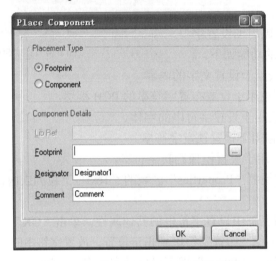

图 6-4-12　"Place Component"对话框

（2）单击"Place Component"对话框"Component Details"区域内的"Footprint"文本框右侧的按钮，打开如图 6-4-13 所示的"Browse Libraries"对话框。

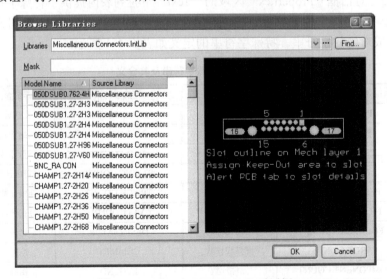

图 6-4-13　"Browse Libraries"对话框

（3）单击"Browse Libraries"对话框中"Libraries"下拉列表右侧的▣按钮，打开如图 6-4-14 所示的"Available Libraries"对话框。

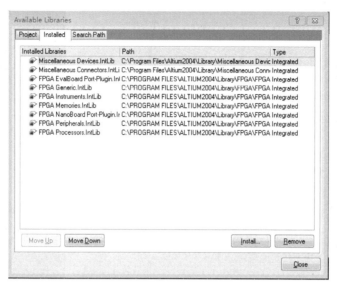

图 6-4-14　"Available Libraries"对话框

（4）单击"Available Libraries"对话框中的"Install…"按钮，打开"打开"对话框。

（5）在"打开"对话框中选择需要添加的 PCB 元件封装所在的 PCB 元件封装库文件，然后单击"打开"按钮，将该库文件添加到"Available Libraries"对话框的列表中。

（6）单击"Available Libraries"对话框的"Close"按钮，关闭该对话框。

（7）在"Browse Libraries"对话框的"Libraries"下拉列表中选择添加的 PCB 元件封装库，然后再在"Browse Libraries"对话框的 PCB 元件封装列表中选择需要添加的 PCB 元件封装模型，单击"OK"按钮。

（8）单击"Place Component"对话框中的"OK"按钮。

（9）移动光标到合适位置，按"Space"键调整 PCB 元件封装的旋转角度，单击鼠标，将该 PCB 元件封装布置到 PCB 上。

（10）重复步骤（9），在 PCB 上布置同样的 PCB 元件封装，布置完毕后，单击鼠标右键或者按"Esc"键，重新打开"Place Component"对话框。

（11）重复步骤（2）～（10），布置其他的 PCB 元件封装，所有的 PCB 元件封装布置结束后，单击"Place Component"对话框中的"Cancel"按钮，结束布置 PCB 元件封装的操作。

6.4.9　尺寸标注

1．直线尺寸标注

对直线距离尺寸进行标注，可进行以下操作。

（1）单击"Utilities"工具栏中的尺寸工具按钮，在弹出的工具栏中选择直线尺寸工具按钮，或者选择"Place"→"Dimension"→"Linear"命令。

（2）按"Tab"键，打开如图 6-4-15 所示的"Linear Dimension"对话框。

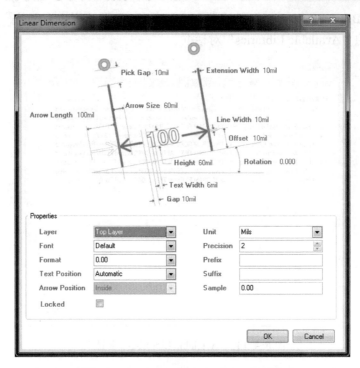

图 6-4-15 "Linear Dimension"对话框

"Linear Dimension"对话框用于设置直线标注的属性，其中的选项功能如下。

① "Pick Gap"文本框用来设置尺寸线与标注对象间的距离。

② "Extension Width"文本框用来设置尺寸延长线的线宽。

③ "Arrow Length"文本框用来设置箭头线长度。

④ "Arrow Size"文本框用来设置箭头长度（斜线）。

⑤ "Line Width"文本框用来设置箭头线宽。

⑥ "Offset"文本框用来设置箭头与尺寸延长线端点的偏移量。

⑦ "Height"文本框用来设置尺寸字体高度。

⑧ "Rotation"文本框用来设置尺寸标注线拉出的旋转角度。

⑨ "Text Width"文本框用来设置尺寸字体线宽。

⑩ "Gap"文本框用来设置尺寸字体与尺寸线左右的间距。

⑪ "Properties"区域用来设置直线标注的性质，其中的选项功能如下。

a. "Layer"下拉列表用来设置当前尺寸文本所放置的 PCB 板层。

b. "Font"下拉列表用来设置当前尺寸文本所使用的字体。

c. "Format"下拉列表用来设置当前尺寸文本的放置风格。

d. "Text Position"下拉列表用来设置当前尺寸文本的放置位置。

e. "Unit"下拉列表用来设置当前尺寸采用的单位。

f. "Precision"下拉列表用来设置当前尺寸标注精度。

g. "Prefix"文本框用来设置尺寸标注时添加的前缀。

h. "Suffix"文本框用来设置尺寸标注时添加的后缀。

i．"Sample"文本框用来显示用户设置的尺寸标注风格示例。

j．"Locked"复选框用来锁定标注尺寸。

（3）在"Linear Dimension"对话框中设置标注的属性，单击"OK"按钮。

（4）移动光标至工作区，单击需要标注距离的一端，确定一个标注箭头位置。

（5）移动光标至工作区，单击需要标注距离的另一端，确定另一个标注箭头位置，如果需要垂直标注，可按"Space"键旋转标注的方向。

（6）重复步骤（2）、（3），继续标注其他的水平和垂直距离尺寸。

（7）标注结束后，单击鼠标右键或者按"Esc"键，结束直线尺寸标注操作。

2．角度标注

对 PCB 板图中的角度进行标注，可进行以下操作。

（1）单击"Utilities"工具栏中的尺寸工具按钮 ，在弹出的工具栏中选择角度标注工具按钮 ，或者选择"Place"→"Dimension"→"Angular"命令。

（2）按"Tab"键，打开如图 6-4-16 所示的"Angular Dimension"对话框。

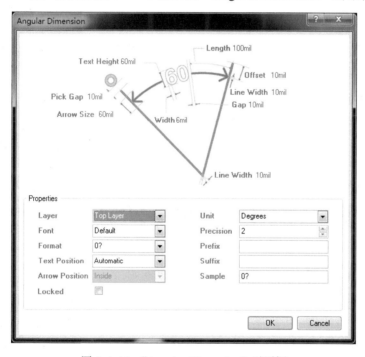

图 6-4-16　"Angular Dimension"对话框

"Angular Dimension"对话框用于设置角度标注的属性，其中的选项功能与"Linear Dimension"对话框中的对应选项功能相同。可参考"Linear Dimension"对话框中选项的描述。

（3）在"Angular Dimension"对话框中设置角度标注的属性，单击"OK"按钮。

（4）移动光标，在工作区选择要标注的角度的顶点，单击鼠标，确定该顶点。

（5）在工作区单击要标注的角度的一条射线上的一点，确定该射线。

（6）在工作区再次单击要标注的角度的顶点，然后单击另外一条射线上的点，确定另外

一条射线。

（7）移动光标，调整标注文本的位置，单击鼠标，完成角度的标注。角度标注过程如图 6-4-17 所示。

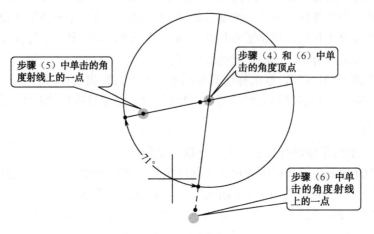

图 6-4-17　角度标注过程

（8）重复步骤（4）～（7），对其他需要标注的角度进行标注，角度标注结束后，单击鼠标右键或者按"Esc"键，结束角度标注操作。

3．半径尺寸标注

对 PCB 板图中的圆弧半径进行标注，可进行以下操作。

（1）单击"Utilities"工具栏中的尺寸工具按钮，在弹出的工具栏中选择半径尺寸工具按钮，或者在主菜单中选择"Place"→"Dimension"→"Radial"命令。

（2）按"Tab"键，打开如图 6-4-18 所示的"Radial Dimension"对话框。

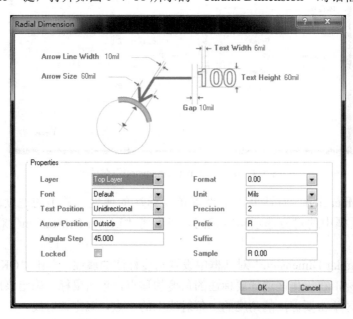

图 6-4-18　"Radial Dimension"对话框

（3）在工作区单击需要标注的圆弧或者圆。

（4）移动光标调整半径标注中的箭头所在的位置，单击鼠标，确定半径标注中的箭头位置和方向。

（5）移动光标调整箭头后的引线长度，单击鼠标，确定该引线，然后再调整箭头后部折线的方向，单击鼠标确定。

（6）重复步骤（3）～（5），标注其他的圆弧，当标注完成后，单击鼠标右键或者按"Esc"键，结束半径标注操作。

4．引线标注

引线标注用于标明电路中的某点，对其进行某些文字注释。布置引线标注可进行以下操作。

（1）单击"Utilities"工具栏中的尺寸工具按钮 ，在弹出的工具栏中选择引线标注工具按钮 ，或者选择"Place"→"Dimension"→"Leader"命令。

（2）按"Tab"键，打开如图 6-4-19 所示的"Leader Dimension"对话框。

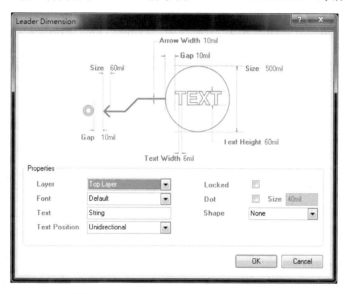

图 6-4-19　"Leader Dimension"对话框

"Leader Dimension"对话框用于设置引线标注的属性，其中大部分选项的功能与"Linear Dimension"对话框中的对应选项功能相同，可参考"Linear Dimension"对话框中选项的描述。与"Linear Dimension"对话框中不相同的选项介绍如下。

① "Text"文本框用于填写要标注的文本信息。

② "Dot"复选框。选中该复选框后，指向标注对象的引线端点位置显示实心圆点。

③ "Size"文本框用于设置在引线端点位置显示实心圆点的大小。

④ "Shape"下拉列表用于设置标注文字的显示形式。

在"Shape"下拉列表中，"None"选项表示只显示文字。"Round"选项表示将文字压缩显示在一个圆中，其圆的尺寸由对话框的图形表示，圆直径由"Size"文本框中的数值确定。"Square"选项表示将文字压缩显示在一个正方形中，其正方形的大小由"Size"文本框中的数值确定。系统默认设置为"None"。

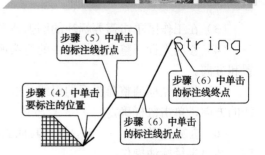

（3）在对话框的"Text"文本框内输入要标注的文字。

（4）在工作区单击要标注的位置。

（5）移动鼠标调整引线的长度，单击鼠标，确定标注线的折点。

（6）单击鼠标，确定标注线其他折点的位置，所有折点确定后，在标注线的终点单击鼠标右键，确定标注线的终点位置，完成这次标注。标注过程如图 6-4-20 所示。

图 6-4-20　引线标注的过程

5. 标尺标注

标尺标注用于在 PCB 上设置尺寸标尺，布置尺寸标尺可进行以下操作。

（1）单击"Utilities"工具栏中的尺寸工具按钮，在弹出的工具栏中选择标尺工具按钮，或者选择"Place"→"Dimension"→"Datum"命令。

（2）按"Tab"键，打开如图 6-4-21 所示的"Datum Dimension"对话框。

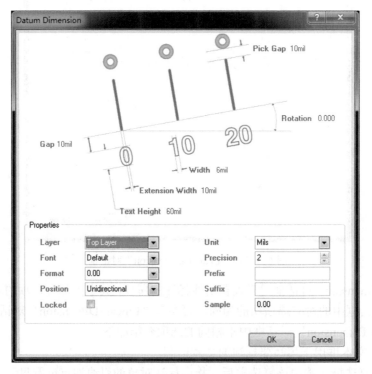

图 6-4-21　"Datum Dimension"对话框

"Datum Dimension"对话框用于设置标尺的属性，其中的选项功能与"Linear Dimension"对话框中的对应选项功能相同，可参考"Linear Dimension"对话框中选项的描述。

（3）在"Datum Dimension"对话框中设置标尺的属性，单击"OK"按钮。

（4）在工作区移动光标至基准处，单击鼠标，确定标尺基准"0"的位置。

（5）移动光标至第一个标尺处，单击鼠标，确定标尺刻度，若需要标注垂直距离尺寸，可按"Space"键，旋转标注的方向。

（6）移动光标至工作区的下一个标尺刻度处，单击鼠标，确定下一个标尺刻度。

（7）重复步骤（6），确定所有的标尺刻度，单击鼠标右键或者按"Esc"键，完成标尺刻度的确定。

（8）移动光标调整标尺数值的位置，单击鼠标，确定标尺数值位置，结束该标尺布置操作。布置过程如图 6-4-22 所示。

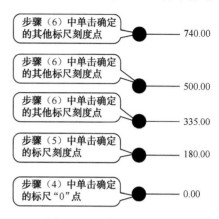

图 6-4-22　标尺布置过程

6．基准标注

对连续的点相对于同一个基准的直线距离进行标注，可进行以下操作。

（1）单击"Utilities"工具栏中的尺寸工具按钮 ，在弹出的工具栏中选择基准标注工具按钮 ，或者选择"Place"→"Dimension"→"Baseline"命令。

（2）按"Tab"键，打开如图 6-4-23 所示的"Baseline Dimension"对话框。

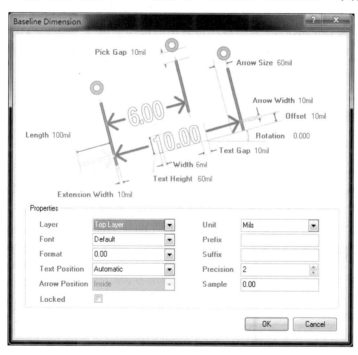

图 6-4-23　"Baseline Dimension"对话框

（3）在"Baseline Dimension"对话框中设置基准标注的属性，单击"OK"按钮。

（4）在工作区移动光标至基准处，单击鼠标，确定尺寸基准的位置。

（5）移动光标至工作区需要标注的第一个尺寸处，单击鼠标确定基准标注的另一个端点，移动光标，调整标注文字的位置，单击鼠标确定标注文字位置。若需要标注垂直距离尺寸，可按"Space"键，旋转标注的方向。

（6）重复步骤（5），继续标注其他点与尺寸基准的距离。

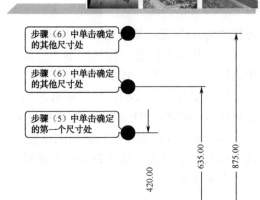

（7）所有尺寸标注完毕后，单击鼠标右键或者按"Esc"键，完成基准标注操作。布置基准标注过程如图 6-4-24 所示。

7. 中心标注

中心标注用于定位圆心或其他中心。布置中心标注可进行如下操作。

（1）单击"Utilities"工具栏中的尺寸工具按钮，在弹出的工具栏中选择中心标注工具按钮 ✛，或者选择"Place"→"Dimension"→"Center"命令。

（2）按"Tab"键，打开如图 6-4-25 所示的"Center Dimension"对话框。

图 6-4-24　布置基准标注过程

"Center Dimension"对话框用于设置中心标注的属性。其中，"Rotation"文本框用于设置中心标注的旋转角度，"Size"文本框用于设置中心标注的大小，"Layer"下拉列表用于设置中心标注所在的 PCB 板层，"Locked"复选框用于设置锁定中心标注。

（3）在"Center Dimension"对话框中设置中心标注的属性，单击"OK"按钮。

（4）在工作区单击需要布置中心标注的圆弧或圆，确定中心标注的位置。

（5）移动光标，调整中心标注的大小，单击鼠标，确定中心标注的大小。

（6）重复步骤（4）、（5），布置其他中心标注，所有中心标注布置完毕后，单击鼠标右键或者按"Esc"键，结束布置中心标注的操作。

8. 线性直径标注

线性直径标注采用标注直线的方式标注圆的直径。布置这种标注，可进行以下操作。

（1）单击"Utilities"工具栏中的尺寸工具按钮，在弹出的工具栏中选择线性直径标注工具按钮，或者选择"Place"→"Dimension"→"Linear Diameter"命令。

（2）按"Tab"键，打开如图 6-4-26 所示的"Linear Diameter Dimension"对话框。

图 6-4-25　"Center Dimension"对话框

图 6-4-26　"Linear Diameter Dimension"对话框

（3）在"Linear Diameter Dimension"对话框中设置线性直径标注的属性，单击"OK"按钮。

（4）在工作区单击需要进行线性直径标注的圆弧或圆，移动光标调整直径标注文本的位置，单击鼠标，确定标注文本的位置。

（5）重复步骤（4），对其他圆弧进行标注，标注结束后，单击鼠标右键或者按"Esc"键，结束线性直径标注操作。布置的线性直径标注如图 6-4-27 所示。

9．射线式直径标注

射线式直径标注是圆或圆弧线性直径标注的常用方式。布置射线式直径标注，可进行以下操作。

（1）单击"Utilities"工具栏中的尺寸工具按钮，在弹出的工具栏中选择射线式直径标注工具按钮，或者选择"Place"→"Dimension"→"Radial Diameter"命令。

（2）按"Tab"键，打开如图 6-4-28 所示的"Radial Diameter Dimension"对话框。

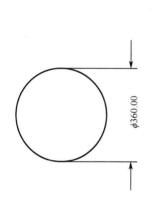

图 6-4-27　布置的线性直径标注

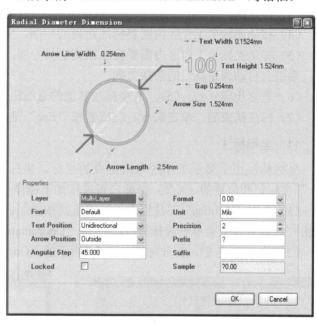

图 6-4-28　"Radial Diameter Dimension"对话框

"Linear Diameter Dimension"对话框用于设置射线式直径标注的属性，其中的选项功能与"Linear Dimension"对话框中的对应选项功能相同。可参考"Linear Dimension"对话框中选项的描述。

（3）在"Radial Diameter Dimension"对话框中设置射线式直径标注的属性，单击"OK"按钮。

（4）在工作区单击需要进行射线式直径标注的圆弧或圆，移动光标调整直径标注箭头的位置，单击鼠标，确定箭头位置。

（5）移动光标调整直径标注引线的终点位置，单击鼠标，确定引线终点，结束该直径标注。

（6）重复步骤（4）、（5），对其他圆弧进行标注，标注结束后，单击鼠标右键或者按"Esc"键，结束射线式直径标注操作。布置射线式直径标注过程如图 6-4-29 所示。

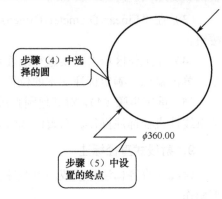

图 6-4-29　布置射线式直径标注

10．标准标注

标准标注用于任意倾斜角度的直线距离标注，可进行以下操作设置标准标注。

（1）单击"Utilities"工具栏中的尺寸工具按钮，在弹出的工具栏中选择标准直线尺寸工具按钮，或者选择"Place"→"Dimension"→"Dimension"命令。

（2）按"Tab"键，打开如图 6-4-30 所示的"Dimension"对话框。

（3）在"Dimension"对话框中设置标准标注的属性，单击"OK"按钮。

（4）移动光标至工作区内需要标注距离的一端，单击鼠标，确定一个标注箭头位置。

（5）移动光标至工作区内需要标注距离的另一端，单击鼠标，确定标注另一端箭头的位置，系统会自动调整标注的箭头方向。

（6）重复步骤（4）、（5），继续标注其他的直线距离尺寸。

（7）标注结束后，单击鼠标右键或者按"Esc"键，结束标准标注操作。

11．坐标标注

坐标标注用于显示工作区内指定点的坐标。坐标标注可以放置在任意层，它包括一个"十"字标记和位置的（X,Y）坐标，可进行如下操作布置坐标标注。

（1）单击"Utilities"工具栏中的绘图工具按钮，在弹出的工具栏中选择坐标标注工具按钮，或者在主菜单中选择"Place"→"Coordinate"命令。

（2）按"Tab"键，打开如图 6-4-31 所示的"Coordinate"对话框。

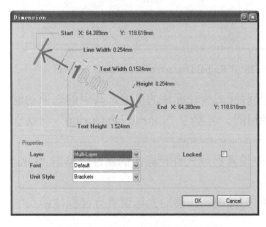

图 6-4-30　"Dimension"对话框

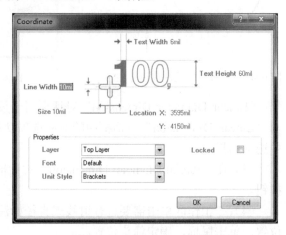

图 6-4-31　"Coordinate"对话框

"Coordinate"对话框用于设置坐标标注的属性，其中的选项功能与"Linear Dimension"

对话框中的对应选项功能相同。可参考"Linear Dimension"对话框中选项的描述。

（3）在工作区单击需要布置坐标标注的点，即可在该点布置坐标标注。

（4）重复步骤（3），在其他点上布置坐标标注，所有标注布置结束后，单击鼠标右键或者按"Esc"键，结束坐标标注的布置。

练习题 6

6.1　执行"Place"下的各选项。

6.2　查看实际印制电路板中的元件封装与电路图中的元件符号有何不同。

6.3　查看实际印制电路板中的焊盘与过孔有何不同。

6.4　分别查看 Miscellaneous Devices.IntLib、Miscellaneous Connectors.IntLib、NSC Logic Gate.IntLib 三个库文件的元件封装形式。

6.5　通过执行"Place/Component"，在如题图 6-1 所示的对话框中分别输入 DIP-14、J14A。比较 DIP-14 与 J14A（先添加 NSC Logic Gate.IntLib 库文件）的区别，得出什么结论？

6.6　在 PCB 工作区域空白处单击鼠标右键，弹出题图 6-2，操作"Options"下的各选项，熟悉 PCB 环境参数设置。

题图 6-1

题图 6-2

第7章

印制电路板的设计

利用 PCB 编辑器的自动布局、自动布线功能，可以方便地将原理图转换为印制电路板图。本章主要介绍 PCB 的设计步骤，这也是本教材的重点。

教学导航

教	知识要点	1. 印制电路板的设计流程
		2. PCB 设计规则
		3. PCB 的改进与完善
学	技能要点	1. 规划电路板
		2. 载入网络和元件封装
		3. PCB 设计规则的设置
		4. 自动布局
		5. 手工布局
		6. 自动布线
		7. 手工布线
		8. 自动布局与自动布线中的典型设置与操作
		9. PCB 的改进与完善
		10. 报表生成与电路板输出

7.1　印制电路板的设计流程

利用 Protel DXP 2004 设计 PCB 的流程如图 7-1-1 所示。

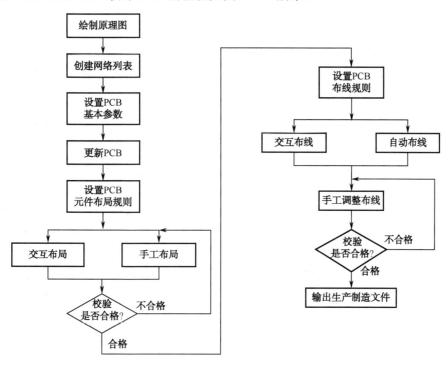

图 7-1-1　PCB 设计步骤

PCB 具体设计过程如下。

（1）绘制原理图、创建网络列表。绘制原理图、创建网络列表是将所设计的电路采用原理图的形式输入系统，这是 PCB 设计的准备工序，在前几章已经做了详细介绍。在特殊情况下，如电路比较简单的情况下，可以不进行原理图设计而直接进入 PCB 的设计过程，然后在 PCB 编辑器中手工布线或者利用网络管理器创建网络表后进行半自动布线。

（2）设置 PCB 的基本参数。这是 PCB 设计中非常重要的步骤，需要设置的主要参数有：电路板的结构及其尺寸、PCB 的层数、格点的大小和形状。在一般情况下大多数参数可以用系统的默认值。

（3）更新网络表或 PCB。网络表是使用 PCB 自动布线功能的基础，是连接原理图设计和 PCB 设计的纽带。通过这一步将网络表引入 PCB 编辑器，Protel DXP 2004 系统才可能了解 PCB 布线的要求，进行电路板的自动布线。

（4）设置 PCB 元件布局规则。好的元件布局是布线成功的保障，Protel DXP 2004 中的 PCB 编辑器提供了自动布局的功能，可以按照用户设置的布局规则，自动进行元件的布局。为得到一个满意的元件布局，用户必须设置好 PCB 元件布局规则。

（5）设置 PCB 布线规则。布线规则是布线时依据的各个规范，如安全间距、导线宽度等，这是自动布线的依据。布线规则设置也是印制电路板设计的关键之一，需要一定的实践经验。

（6）输出生产制造文件。在绘制完成 PCB 后，系统可以生成各种生产制造文件和输出报表，如 PCB 文件组合底片（Gerber）、数控钻（NC drill）文件、元件插置（Pick and Place）文件和材料清单报表等。

7.2 规划电路板

规划电路板包括定义电路板的机械边框、电气边框等信息。电路板的机械边框是指电路板的物理外形和尺寸。电气边框是指进行自动布局和布线时电路板上元件及导线所限制的区域。电气边框定义在禁止布线层（Keep-Out Layer）上。

规划电路板有两种方法：一种是手工规划电路板边框，包括机械边框和电气边框；另一种方法是利用向导创建 PCB 文件。

7.2.1 手工规划电路板

1．新建一个 PCB 文档

2．设置相对坐标原点

（1）显示原点标记。选择菜单 "Tools" → "Preferences" 命令，系统弹出 "Preferences" 对话框。单击对话框左侧 "Protel PCB" 前的 "+" 图标，使其变为 "−"。单击 "Protel PCB" 文件夹下的 "Display" 选项，在对话框右侧的 "Show" 区域中选中 "Origin Marker（原点标记）" 复选框，单击 "OK" 按钮显示原点标记。

（2）设置当前原点。选择菜单 "Edit" → "Origin" → "Set" 命令或在 "Utilities" 工具栏中单击 "Set Origin（设置当前原点）" 图标，如图 7-2-1 所示。

（3）在工作窗口左下角的任意位置单击鼠标左键，则此点变为当前原点。此时状态栏的显示变成 X：0mil，Y：0mil。

3．绘制物理边界

（1）单击 "Mechanical1 Layer" 工作层标签，将 "Mechanical1 Layer" 设置为当前层。

（2）选择菜单 "Place" → "Line" 命令或在 "Utilities" 工具栏中单击 "Place Line" 图标，如图 7-2-2 所示。

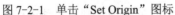

图 7-2-1　单击 "Set Origin" 图标

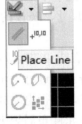

图 7-2-2　单击 "Place Line" 图标

（3）以当前原点为起点，按尺寸要求绘制物理边界（宽为 2 000 mil，高为 1 200 mil），如图 7-2-3 所示。

如果在绘制电路板边框过程中，鼠标难以准确定位，可以通过 "View" → "Grids" → "Set

Snap"→"Grid"命令重新设定锁定网格的大小（如设定为 20 mil）。

4．绘制电气边界

（1）单击"Keep Out Layer"工作层标签，将"Keep Out Layer"设置为当前层。

（2）选择菜单"Place"→"Line"命令或在"Utilities"工具栏中单击"Place Line"图标，如图 7-2-2 所示。

（3）在物理边界内侧距物理边界 20 mil 的位置绘制电气边界，如图 7-2-4 所示。

（4）单击"保存"图标，对文件进行保存。

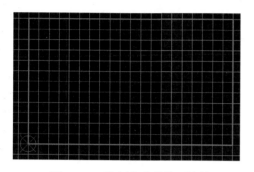

图 7-2-3　绘制完成的物理边界

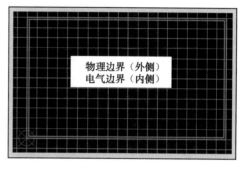

图 7-2-4　绘制完成的物理边界和电气边界

7.2.2　使用向导创建 PCB 文件

（1）启动 Protel DXP 2004，进入如图 7-2-5 所示的"Home"页面。

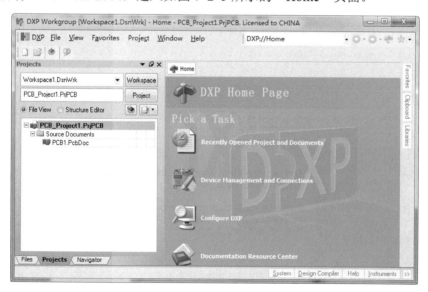

图 7-2-5　"Home"页面

（2）在"Home"页面的"Pick a Task"区域内单击"Printed Circuit Board Design"命令，打开如图 7-2-6 所示的"Printed Circuit Board Design"页面。

（3）在"Printed Circuit Board Design"页面中选择"PCB Document Wizard"命令，打开如图 7-2-7 所示的 PCB 向导启动对话框。

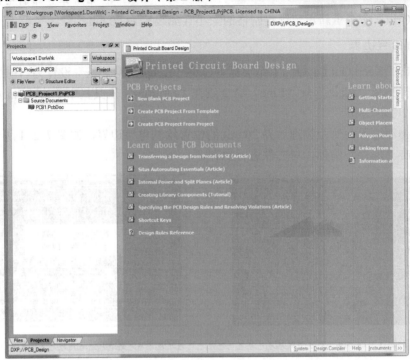

图 7-2-6 "Printed Circuit Board Design" 页面

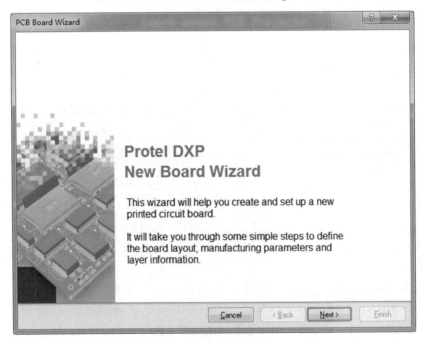

图 7-2-7 PCB 向导启动对话框

（4）单击 PCB 向导启动对话框中的 "Next" 按钮，打开如图 7-2-8 所示的度量单位选择对话框。

（5）选择 "Metric" 单选项，将度量单位设置为公制，使用 "mm" 作为坐标单位，然单

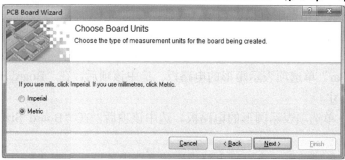

图 7-2-8　度量单位选择对话框

击"Next"按钮，打开如图 7-2-9 所示的 PCB 轮廓选择对话框。

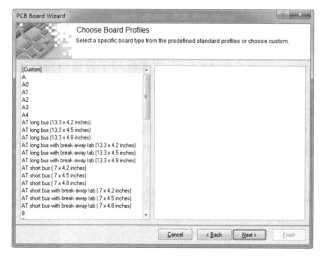

图 7-2-9　PCB 轮廓选择对话框

（6）在 PCB 轮廓选择对话框的轮廓列表中选择"Custom"项，要求自定义 PCB 的外形轮廓，然后单击"Next"按钮，打开如图 7-2-10 所示的自定义电路板对话框。

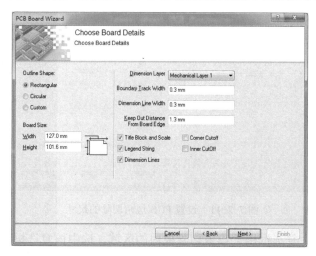

图 7-2-10　自定义电路板对话框

在自定义电路板对话框中有很多选项，其各项功能如下。

对话框左侧的"Outline Shape"区域用于选择自定义电路板的形状，其中有 3 个单选项，意义如下。

① "Rectangular"单选项表示矩形的电路板。选中该项后，在"Board Size"区域内设置矩形的宽和高的尺寸。

② "Circular"单选项表示圆形的电路板。选中该项后，在"Board Size"区域内设置圆形的半径尺寸。

③ "Custom"单选项表示自定义电路板形状。选中该项后，在"Board Size"区域内设置自定义的电路形状的宽和高的尺寸。

在对话框右侧具有如下选项。

① "Dimension Layer"下拉列表用于设置标注的图层。

② "Boundary Track Width"文本框用于设置边界线的线宽。

③ "Dimension Line Width"文本框用于设置标注的线宽。

④ "Keep Out Distance From Board Edge"文本框用于设置电路板边界区域的宽度。

⑤ "Title Block and Scale"复选框用于设置图纸上添加标题栏和刻度栏。

⑥ "Legend String"复选框用于设置在图纸上添加图例文字。

⑦ "Dimension Lines"复选框用于设置在图纸上添加标注线。

⑧ "Corner Cutoff"复选框用于设置切角的 PCB。选中该复选框后，在下一步中需设置 PCB 边角切除的尺寸，如图 7-2-11 所示。

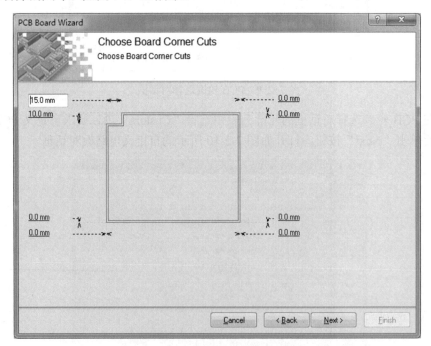

图 7-2-11　设置 PCB 边角切除的尺寸

⑨ "Inner Cutoff"复选框用于设置切除板内的区域。选中该复选框后，在下一步中将会要求设置切除板内区域的尺寸，如图 7-2-12 所示。

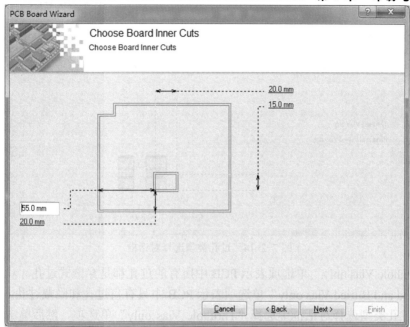

图 7-2-12　设置切除板内区域的尺寸

（7）在如图 7-2-10 所示的自定义电路板对话框中，选择"Rectangular"单选项，在"Width"文本框和"Height"文本框内分别输入 PCB 的尺寸，其他选项按照系统默认。然后单击"Next"按钮，打开如图 7-2-13 所示的层数设置对话框。

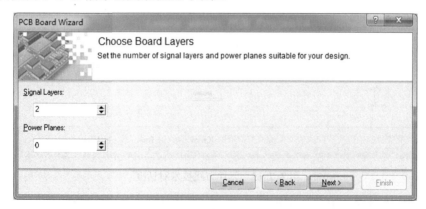

图 7-2-13　层数设置对话框

层数设置对话框用于设置电路板的层数，其中"Signal Layers"文本框用于设置信号层的层数。信号层是指用于布线的图层。"Power Planes"文本框用于设置电源层的层数。电源层是指用整片铜膜构成的接电源或接地的图层。

（8）在层数设置对话框的"Signal Layers"文本框中输入"2"，在"Power Planes"文本框中输入"0"，设置新建的 PCB 是块双面板。然后单击"Next"按钮，打开如图 7-2-14 所示的过孔类型选择对话框。

过孔类型选择对话框用于设置 PCB 中的过孔类型。

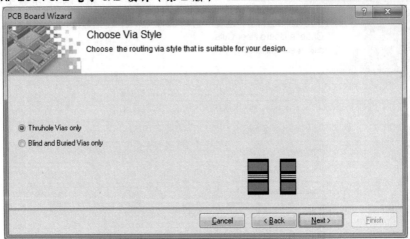

图 7-2-14　过孔类型选择对话框

① "Thruhole Vias only" 单选项表示 PCB 中所有的过孔都是穿透式过孔。

② "Blind and Buried Vias only" 单选项表示 PCB 中只有盲过孔和隐藏过孔。

（9）在过孔类型选择对话框中选择 "Thruhole Vias only" 单选项，然后单击 "Next" 按钮，打开如图 7-2-15 所示的元件布线技术对话框。

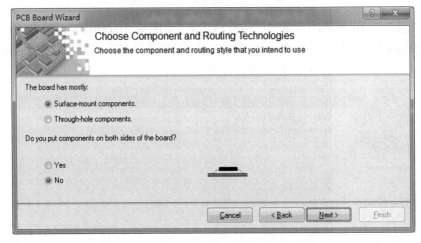

图 7-2-15　元件布线技术对话框

元件布线技术对话框用于设置 PCB 中的元件封装性质和布局方式。

"Surface-mount components" 单选项表示 PCB 上大部分元件采用表面粘贴式封装形式，选择该项后，系统会要求双面布置电子元件。"Yes" 单选项表示 PCB 的两面都布置表面粘贴式封装的电子元件，"No" 单选项表示 PCB 仅有一面布置表面粘贴式封装的电子元件。

"Through-hole components" 单选项表示 PCB 上大部分元件采用针脚式封装形式。选择该项后，元件布线技术对话框则变为如图 7-2-16 所示，要求用户设置相邻元件引脚焊盘间可通过的铜膜导线数量。"One Track" 单选项表示相邻元件引脚焊盘间仅能通过一条铜膜导线，"Two Track" 单选项表示能通过两条铜膜导线，"Three Track" 单选项表示能通过三条铜膜导线。

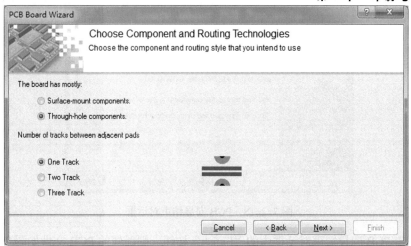

图 7-2-16 元件布线技术对话框

（10）在元件布线技术对话框中选择"Through-hole components"单选项和"One Track"单选项，单击"Next"按钮，打开如图 7-2-17 所示的铜膜导线和过孔尺寸对话框。

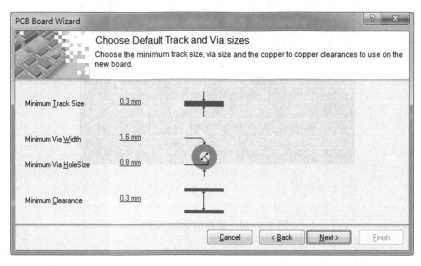

图 7-2-17 铜膜导线和过孔尺寸对话框

铜膜导线和过孔尺寸对话框用于设置最小的铜膜导线尺寸、过孔尺寸和最小的导线间距。

① "Minimum Track Size"用于设置最小的铜膜导线宽度。

② "Minimum Via Width"用于设置过孔铜环的最小宽度。

③ "Minimum Via HoleSize"用于设置过孔中通孔的最小直径。

④ "Minimum Clearance"用于设置两条铜膜导线之间的最小距离。

（11）在铜膜导线和过孔尺寸对话框中设置尺寸参数，单击"Next"按钮，打开如图 7-2-18 所示的 PCB 向导结束对话框。

图 7-2-18　PCB 向导结束对话框

（12）单击 PCB 向导结束对话框中的"Finish"按钮，则新建的 PCB 文件如图 7-2-19 所示。

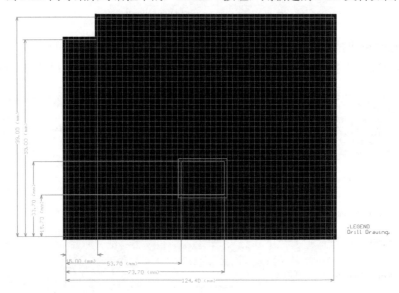

图 7-2-19　新建的 PCB 文件

7.3　载入网络和元件封装

载入网络和元件封装的方法有两种，一种是使用网络表文件载入网络和元件封装，另一种是使用设计同步器载入网络和元件封装。

下面以共发射极放大电路为例，分别应用这两种方法，介绍其 PCB 设计过程。

项目 8　共发射极放大电路的 PCB 设计 1

本项目采用网络表文件载入网络和元件封装的方法，介绍共发射极放大电路 PCB 设计过程，步骤如下。

（1）按图完成原理图的绘制，选择菜单"Design"→"Netlist For Document"→"Protel"命令，生成网络表文件。

（1）按图完成原理图的绘制，选择菜单"Design"→"Netlist For Document"→"Protel"命令，生成网络表文件。

（2）新建一个电路板文件，并将该 PCB 文件保存在原理图所在的设计项目中。

（3）规划电路板的机械和电气边框为：2 000 mil×2 000 mil。在 PCB 编辑器中选择菜单"Design"→"Import Changes From *. PrjPCB"命令，打开如图 7-3-1 所示的"Engineering Change Order"对话框。

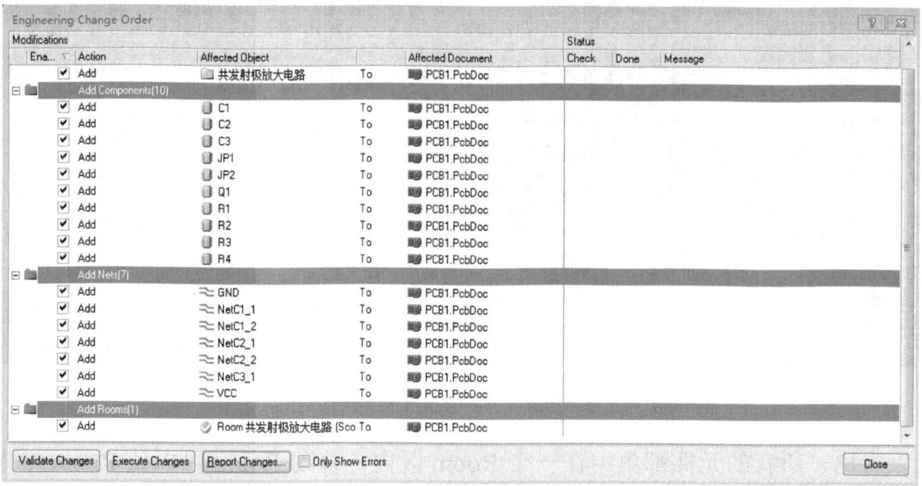

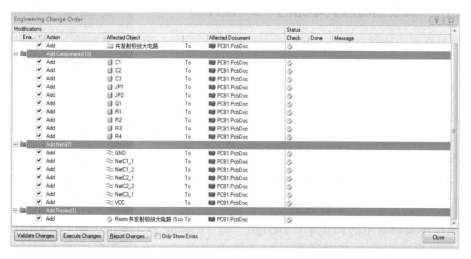

图 7-3-1 "Engineering Change Order"对话框

（4）单击对话框中的"Validate Changes"按钮，系统开始检查加载的网络和元件封装是否正确。单击"Validate Changes"按钮后的"Engineering Change Order"对话框如图 7-3-2 所示。

图 7-3-2 单击"Validate Changes"按钮后的"Engineering Change Order"对话框

（5）在检查无误的情况下，单击"Execute Changes"按钮，"Engineering Change Order"对话框中的"Check"和"Done"列将显示检查更新和执行更新后的结果。如果有问题就

会显示 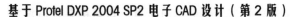 符号；若没有问题则会显示 符号。关闭对话框，此时可以看到载入网络和元件封装的电路板，如图 7-3-3 所示。

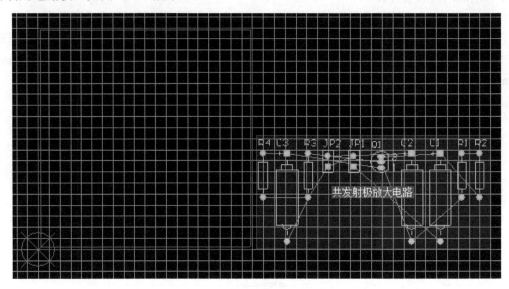

图 7-3-3　载入网络和元件封装的电路板

可以看出，所有的元件都集中在一个 Room 区内，移动 Room 可以使 Room 区内的元件一起移动。在层次原理图设计中，每一张图纸中的元件对应一个 Room，并且每一个 Room 可以设置统一的规则（Rule），便于电路的模块化设计。也可以通过"Edit"→"Delete"命令将 Room 删除。

项目 9　共发射极放大电路的 PCB 设计 2

本项目采用设计同步器载入网络和元件封装的方法，介绍共发射极放大电路 PCB 设计过程。

1. 使用设计同步器载入网络和元件封装

首先新建 PCB 文件，然后规划好电路板边框。在原理图编辑器中，选择菜单"Design"→"Update PCB Document *.PcbDoc"命令，执行命令后系统也会弹出工程改变对话框，后面的操作与项目 8 相同。

2. 使用设计同步器完成原理图与 PCB 之间的更新

1）将原理图的修改更新到 PCB

在原理图编辑器中选择菜单"Design"→"Update PCB Document *.PcbDoc"命令，系统将弹出工程改变对话框，对话框中列出了修改的内容。单击对话框中的"Validate Changes"按钮，系统检查修改内容是否正确，如果在"Check"栏出现 标记，则表示正确。再单击"Execute Changes"按钮就可以将原理图编辑器中的修改更新到 PCB 中。

2）将 PCB 中的修改更新到原理图

在 PCB 编辑器中选择菜单"Design"→"Update Schematics in *. PrjPCB"命令，系统仍会弹出工程改变对话框，按照上面 1）将原理图的修改更新到 PCB 的方法就可以将 PCB 的修改更新到原理图中。

7.4　PCB 设计规则的设置

7.4.1　设计规则编辑器

1. 设计规则编辑器界面

新建或打开一个 PCB 文档，启动 PCB 编辑器，在主菜单中选择"Design"→"Rules"命令，打开如图 7-4-1 所示的"PCB Rules and Constraints Editor"对话框，这就是设计规则编辑器的界面。

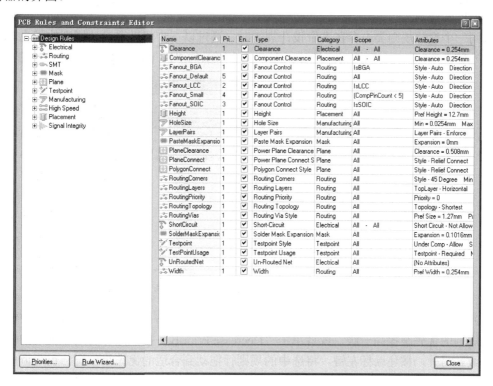

图 7-4-1　"PCB Rules and Constraints Editor"对话框

2. 规则的基本操作

在图 7-4-1 左边的树形列表中的规则类上单击鼠标右键，将弹出如图 7-4-2 所示的快捷菜单。

快捷菜单用于对规则进行编辑，具体功能如下。

（1）"New Rule…"命令用于建立规则。

（2）"Delete Rule…"命令用于删除规则。

（3）"Report…"命令用于输出报表。

（4）"Export Rules…"命令用于导出规则。

（5）"Import Rules…"命令用于导入规则。

在图 7-4-1 中编辑规则，可进行以下操作。

（1）在左侧的树形列表中选择需要编辑的规则。

（2）在右侧的规则选项视图中修改规则项。

新建规则的方法很简单，具体步骤如下。

图 7-4-2　快捷菜单

（1）在左侧的树形列表中选择新建规则所属的规则类别。

（2）在选择的类别名称上单击鼠标右键，在弹出的快捷菜单中选择"New Rule…"命令，系统会自动在该树形列表中新建一个默认规则。

删除规则的方法如下。

（1）在左侧的树形列表中选择要删除的规则。

（2）在该规则上单击鼠标右键，在弹出的快捷菜单中选择"Delete Rule…"命令，系统会删除所选的规则。

当同一个设计规则类中存在多个设计规则时，通过以下步骤设置设计规则的优先顺序。

（1）单击"Priorities"按钮，打开如图 7-4-3 所示的"Edit Rule Priorities"对话框。

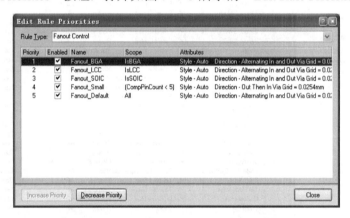

图 7-4-3　"Edit Rule Priorities"对话框

（2）在该对话框的列表中选中要改变优先级的规则，单击"Increase Priority"按钮即可将所选规则的优先级提高一级，或者单击"Decrease Priority"按钮即可将所选规则的优先级降低一级。另外，按住鼠标左键，将选中的规则行拖动到合适的优先级位置，也可调整规则的优先级。

（3）所有规则的优先级都调整完毕后，单击"Close"按钮，关闭"Edit Rule Priorities"对话框。

7.4.2　设计规则的类别

Protel DXP 2004 提供了内容丰富、具体的设计规则，共分为如下 10 个规则类。

（1）"Electrical"——电气规则类。

（2）"Routing"——布线规则类。

（3）"SMT"——SMT 元件规则类。

（4）"Mask"——阻焊规则类。

（5）"Plane"——内部电源层规则类。

（6）"Testpoint"——测试点规则类。

（7）"Manufacturing"——制造规则类。

（8）"High Speed"——高速电路规则类。

（9）"Placement"——布局规则类。

（10）"Signal Integrity"——信号完整性规则类。

1．设计规则选项

所有的规则类由 4 部分属性组成，所以常见的规则选项视图也分为 4 部分。下面以如图 7-4-4 所示的"Clearance"设计规则视图为例进行介绍。

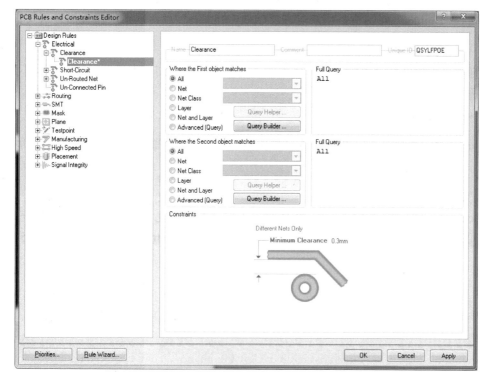

图 7-4-4　"Clearance"设计规则视图

1）基本属性设置

基本属性包括 3 项设置，如下所示。

（1）"Name"文本框用于设置规则的名称。

（2）"Comment"文本框用于设置规则的语言注释。

（3）"Unique ID"文本框用于设置规则的 ID 号。

2）适用对象设置

规则通常有一个或两个适用对象，在设计规则视图中有"Where the First object matches"

区域，部分规则还有"Where the Second object matches"区域。在对应的区域右侧有"Full Query"区域，显示用户选择的适用对象的表达式。在每个"Where the First object matches"区域或者"Where the Second object matches" 区域中有 6 个单选项，具体意义如下。

（1）"All"单选项表示规则适用于 PCB 中的所有对象，但规则优先级最低。

（2）"Net"单选项表示规则适用于所选网络上的对象，包括线、圆弧、填充、焊盘和过孔。用户可在区域中的第一个下拉列表中选择 PCB 中的网络名称。

（3）"Net Class"单选项表示规则适用于所有属于所选网络类的网络上的对象，包括线、圆弧、填充、焊盘和过孔。用户可在区域中的第一个下拉列表中选择网络类的名称。

（4）"Layer"单选项表示规则适用于所有指定层上的对象。

（5）"Net and Layer"单选项表示规则适用于在指定层上的指定网络对象。用户可在区域中的第一个下拉列表中选择 PCB 层的名称，在第二个下拉列表中选择网络的名称。

（6）"Advanced（Query）"单选项表示规则应用范围。单击"Query Builder…"按钮，将打开"Query Builder"对话框，用户可在"Query Builder"对话框中用输入描述语句。

3）规则约束设置

规则约束设置区域设置规则的具体内容，每个规则的规则约束设置区域都完全不同，这些将在各规则约束中介绍。

2. "Electrical"规则类

"Electrical"规则类在电路板布线过程中所遵循的电气方面的设计规则主要包括以下 4 个。

1）"Clearance"设计规则

"Clearance"设计规则用于设置 PCB 设计中的导线、导孔、焊盘、矩形敷铜填充等对象相互之间的安全距离。"Clearance"设计规则视图中的"Constraints"区域如图 7-4-5 所示。

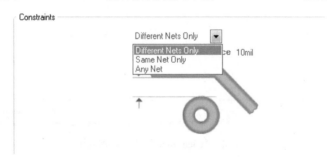

图 7-4-5 "Clearance"设计规则视图中的"Constraints"区域

（1）"Constraints"区域中的下拉列表用于设置应用规则的对象，"Different Nets Only"项表示所有不同网络中的对象间的距离必须大于设置的安全距离。"Same Nets Only" 项表示相同网络中的对象间的距离必须大于设置的安全距离。"Any Nets"项表示所有网络中的对象间的距离必须大于设置的安全距离。

（2）"Minimum Clearance"文本框用于设置安全距离的长度。在默认情况下整个电路板上的安全距离为 0.254 mm。

2）"Short-Circuit"设计规则

"Short-Circuit"设计规则用于设定电路板上的导线是否允许短路。"Short-Circuit"设计规则视图中的"Constraints"区域如图 7-4-6 所示。

图 7-4-6 "Short-Circuit"设计规则视图中的"Constraints"区域

3）"Un-Routed Net"设计规则

"Un-Routed Net"设计规则用于检查指定范围内的网络是否布线成功，如果网络中有布线失败的网络，则该网络上已经布线的将保留，没有成功布线的网络将保持飞线。该规则的设计规则视图中的"Constraints"区域如图 7-4-7 所示。该规则不需设置其他约束，只要创建规则，设置基本属性和适用对象即可。

图 7-4-7 "Un-Routed Net"设计规则视图中的"Constraints"区域

4）"Un-Conneted Pin"设计规则

"Un-Conneted Pin"设计规则用于检查指定范围内元件封装的引脚是否连接成功。该规则也不需设置其他约束，只要创建规则，设置基本属性和适用对象即可。

3."Routing"规则类

"Routing"规则类是一些与布线有关的规则，共分为 7 个设计规则。

1）"Width"设计规则

"Width"设计规则用于设定布线时铜膜导线的宽度。"Width"设计规则视图中的"Constraints"区域如图 7-4-8 所示。

图 7-4-8 中各选项的具体功能如下。

（1）"Max Width"文本框用于设置铜膜导线的最大宽度。

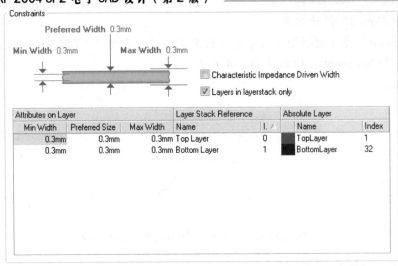

图 7-4-8 "Width"设计规则视图中的"Constraints"区域

（2）"Preferred Width"文本框用于设置铜膜导线的推荐宽度。

（3）"Min Width"文本框用于设置铜膜导线的最小宽度。

（4）"Characteristic Impedance Driven Width"复选框，选中该复选框后，用户可通过对最大、最小和推荐电阻率的设置来改变铜膜导线的宽度。

（5）"Layers in layerstack only"复选框，选中该复选框后，设置的规则将用于现有的 PCB 层；如未选中，则该规则将应用于 PCB 编辑器支持的所有层。

"Constraints"区域下的列表中还能针对不同 PCB 层，设置不同的"Width"设计规则。

2）"Routing Topology" 设计规则

"Routing Topology"设计规则用于选择飞线生成的拓扑规则。"Routing Topology"设计规则视图中的"Constraints"区域如图 7-4-9 所示。

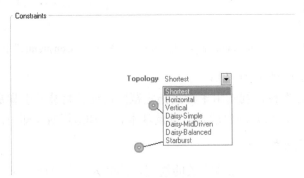

图 7-4-9 "Routing Topology"设计规则视图中的"Constraints"区域

"Topology"下拉列表用于设置拓扑规则。系统提供 7 种拓扑规则，具体意义如下。

（1）"Shortest"拓扑规则表示生成的一组飞线能够连通网络上的所有节点，并且使连线最短。

（2）"Horizontal"拓扑规则表示生成的一组飞线能够连通网络上的所有节点，并且使连

线在水平方向最短。

（3）"Vertical"拓扑规则表示生成一组飞线能够连通网络上的所有节点，并且使连线在垂直方向最短。

（4）"Daisy Simple"拓扑规则表示在用户指定的起点和终点之间连通网络上的各个节点，并且使连线最短。如果设计者没有指定起点和终点，则此规则和"Shortest"拓扑规则生成的飞线是相同的。

（5）"Daisy Mid-Driven"拓扑规则表示以指定的起点为中心向两边的终点连通网络上的各个节点，起点两边的中间节点数目要相同，并且使连线最短。如果设计者没有指定起点和两个终点，系统将采用"Daisy Simple"拓扑规则生成飞线。

（6）"Daisy Balanced"拓扑规则表示将中间节点数平均分配成组，组的数目和终点数目相同，一个中间节点组和一个终点相连接，所有的组都连接在同一个起点上，起点间用串联的方法连接，并且使连线最短。如果设计者没有指定起点和终点，系统将采用"Daisy Simple"拓扑规则生成飞线。

（7）"Star Burst"拓扑规则表示网络中的每个节点都直接和起点相连接，如果设计者指定了终点，那么终点不直接和起点连接。如果没有指定起点，那么系统将试着轮流以每个节点作为起点去连接其他各个节点，找出连线最短的一组连接作为网络的飞线。

以上各选项的示意图如图 7-4-10 所示。

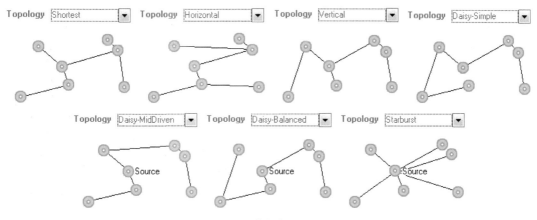

图 7-4-10　各拓扑规则示意图

3）"Routing Priority"设计规则

"Routing Priority"设计规则用于设置布线的优先次序。布线优先级从"0"～"100"，"100"是最高级，"0"是最低级。在"Routing Priority"栏里指定其布线的优先次序即可。

4）"Routing Layers"设计规则

"Routing Layers"设计规则用于设置布线板层的走线方式。"Routing Layers"设计规则视图中的"Constraints"区域如图 7-4-11 所示。

规则约束特性单元主要设置各个布线板层的走线方式，共有 32 个布线板层设置项，其中，"Mid-Layer 1"～"Mid-Layer 30"是否高亮显示取决于电路板是否使用这些中间板层，系统默认状态是使用顶层（Top Layer）和底层（Bottom Layer）。在设置项右侧的下拉列表中

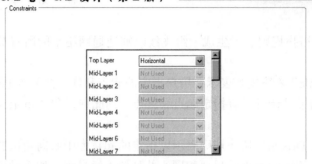

图 7-4-11 "Routing Layers"设计规则视图中的"Constraints"区域

设置走线方式，系统提供了 11 种走线方式可供选择，分别如下。

（1）"Not Used"项表示该层不走线。

（2）"Horizontal"项表示水平方向走线。

（3）"Vertical"项表示垂直方向走线。

（4）"Any"项表示任意方向走线。

（5）"1 O'Clock"项表示一点钟方向走线。

（6）"2 O'Clock"项表示两点钟方向走线。

（7）"4 O'Clock"项表示四点钟方向走线。

（8）"5 O'Clock"项表示五点钟方向走线。

（9）"45Up"项表示向上 45°方向走线。

（10）"45Down"项表示向下 45°方向走线。

（11）"FanOut"项表示以扇出方法走线。

5）"Routing Corners"设计规则

"Routing Corners"设计规则用于设置导线的转角方法。"Routing Corners"设计规则视图中的"Constraints"区域如图 7-4-12 所示。

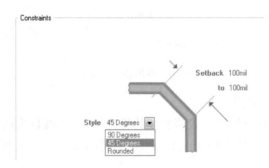

图 7-4-12 "Routing Corners"设计规则视图中的"Constraints"区域

（1）"Style"下拉列表用于设置导线转角的形式，系统提供 3 种转角形式："90 Degrees"项表示 90°转角方式，"45 Degrees"项表示 45°转角方式，"Rounded"项表示圆弧转角方式。这 3 种方式如图 7-4-13 所示。

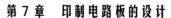

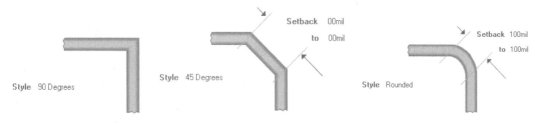

图 7-4-13　3 种转角方式

（2）"Setback"文本框用于设置导线转角的最小值，其设置随转角形式的不同而具有不同的含义。如果是 90°转角，则没有此项；如果是 45°转角，则表示转角的高度；如果是圆弧转角，则表示圆弧的半径。

（3）"to"文本框用于设置导线转角的最大值。

6）"Routing Via Style"设计规则

"Routing Via Style"设计规则用于设置过孔的尺寸。"Routing Via Style"设计规则视图中的"Constraints"区域如图 7-4-14 所示。

（1）"Via Diameter"区域用于设置过孔外径。其中，"Minimum"文本框用于设置最小的过孔外径，"Maximum"文本框用于设置最大的过孔外径，"Preferred"文本框用于设置推荐的过孔外径。

（2）"Via Hole Size"区域用于设置过孔中心孔的直径。其中，"Minimum"文本框用于设置最小的过孔中心孔的直径，"Maximum"文本框用于设置最大的过孔中心孔的直径，"Preferred"文本框用于设置推荐的过孔中心孔的直径。

7）"Fanout Control"设计规则

"Fanout Control"设计规则用于设置 SMD 扇出式布线控制。"Fanout Control"设计规则视图中的"Constraints"区域如图 7-4-15 所示。

系统默认设置了 6 种扇出式布线控制规则，大多情况下用户可以采用默认设置。

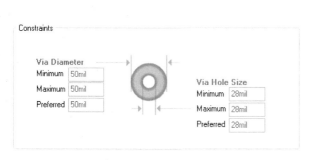

图 7-4-14　"Routing Via Style"设计规则视图中的"Constraints"区域

图 7-4-15　"Fanout Control"设计规则视图中的"Constraints"区域

4．"SMT"规则类

"SMT"规则类主要设置 SMD 与布线之间的规则，共分为 3 个设计规则。

1）"SMD To Corner"设计规则

"SMD To Corner"设计规则用于设置 SMD 元件焊盘与导线拐角之间的最小距离。"SMD To Corner"设计规则视图中的"Constraints"区域如图 7-4-16 所示。

"Distance"文本框用于设置"SMD"与导线拐角处的距离。

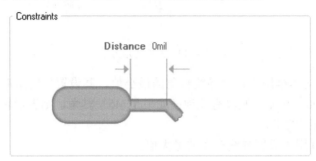

图 7-4-16 "SMD To Corner"设计规则视图中的"Constraints"区域

2）"SMD To Plane"设计规则

"SMD To Plane"设计规则用于设置 SMD 与电源层的焊盘或导孔之间的距离。其约束设置与"SMD To Corner"设计规则的设置相同。

3）"SMD Neck-Down"设计规则

"SMD Neck-Down"设计规则用于设置 SMD 引出导线宽度与 SMD 元件焊盘宽度之间的比值关系。"SMD Neck-Down"设计规则视图中的"Constraints"区域如图 7-4-17 所示。

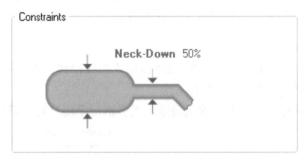

图 7-4-17 "SMD Neck-Down"设计规则视图中的"Constraints"区域

5. "Mask"规则类

"Mask"规则类用于设置焊盘周围的延伸量，包括两个设计规则。

1）"Solder Mask Expansion"设计规则

"Solder Mask Expansion"设计规则用于设置阻焊层中焊盘的延伸量，即阻焊层上面留出的用于焊接引脚的焊盘预留孔半径与焊盘的半径之差。"Solder Mask Expansion"设计规则视图中的"Constraints"区域如图 7-4-18 所示。

2）"Paste Mask Expansion"设计规则

"Paste Mask Expansion"设计规则用于设置 SMD 焊盘的延伸量，该延伸量是 SMD 焊盘边缘与镀锡区域边缘之间的距离。"Paste Mask Expansion"设计规则视图中的"Constraints"

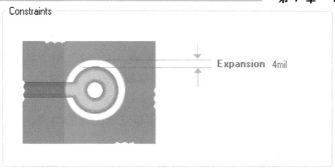

图 7-4-18 "Solder Mask Expansion"设计规则视图中的"Constraints"区域

区域如图 7-4-19 所示。

"Expansion"文本框用于设置 SMD 焊盘边缘与镀锡区域边缘之间的距离。

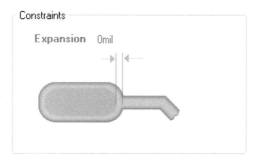

图 7-4-19 "Paste Mask Expansion"设计规则视图中的"Constraints"区域

6. "Plane"规则类

"Plane"规则类用于设置电源层和敷铜层的布线规则, 共包含有 3 个设计规则。

1)"Power Plane Connect Style" 设计规则

"Power Plane Connect Style"设计规则用于设置过孔或焊盘与电源层连接的方法。"Power Plane Connect Style"设计规则视图中的"Constraints"区域如图 7-4-20 所示。

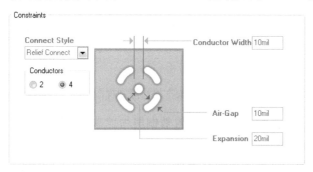

图 7-4-20 "Power Plane Connect Style"设计规则视图中的"Constraints"区域

(1)"Connect Style"下拉列表用于设置电源层与过孔或焊盘的连接方法。系统提供 3 种方法可供选择。

①"Relief Connect"项表示放射状连接。

② "Direct Connect" 项表示直接连接。

③ "No Connect" 项表示不连接。

（2）"Conductors" 区域用于设置连接铜膜的数量，有 "2" 和 "4" 两种设置。

（3）"Conductor Width" 文本框用于设置连接铜膜的宽度。

（4）"Air-Gap" 文本框用于设置空隙大小。

（5）"Expansion" 文本框用于设置焊盘或过孔与空隙之间的距离。

2）"Power Plane Clearance" 设计规则

"Power Plane Clearance" 设计规则用于设置电源板层与穿过它的焊盘或过孔间的安全距离。"Power Plane Clearance" 设计规则视图中的 "Constraints" 区域如图 7-4-21 所示。"Clearance" 用于设置安全距离。

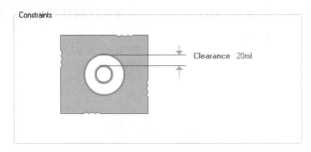

图 7-4-21 "Power Plane Clearance" 设计规则视图中的 "Constraints" 区域

3）"Polygon Connect Style" 设计规则

"Polygon Connect Style" 设计规则用于设置敷铜与焊盘之间的连接方法。"Polygon Connect Style" 设计规则视图中的 "Constraints" 区域如图 7-4-22 所示。

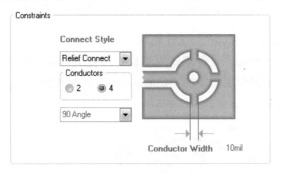

图 7-4-22 "Polygon Connect Style" 设计规则视图中的 "Constraints" 区域

（1）"Connect Style" 下拉列表用于设置敷铜层与焊盘的连接方法。系统提供 3 种方法可供选择。

① "Relief Connect" 项表示放射状连接。

② "Direct Connect" 项表示直接连接。

③ "No Connect" 项表示不连接。

（2）"Conductors" 区域用于设置连接铜膜的数量，有 "2" 和 "4" 两种设置。

（3）"Conductor Width" 文本框用于设置连接铜膜的宽度。

（4）连接角度下拉列表用于设置在放射状连接时敷铜与焊盘的连接角度，有"90 Angle"和"45 Angle"两种连接形式。

7．"Testpoint"规则类

"Testpoint"规则类中的规则用于设置测试点的形状、大小及使用方法，其下有两个设计规则。

1）"Testpoint Style"设计规则

"Testpoint Style"设计规则用于设置测试点的形状和大小。"Testpoint Style"设计规则视图中的"Constraints"区域如图 7-4-23 所示。

图 7-4-23　"Testpoint Style"设计规则视图中的"Constraints"区域

（1）"Style"区域用于设置测试点的大小。其中，"Size"用于设置测试点的外径尺寸，"Hole Size"用于设置测试点的孔径尺寸。

（2）"Grid Size"区域用于设置格点的大小。可在"Testpoint grid size"文本框内输入尺寸。

（3）"Allowed Side and Order"列表设置允许作为测试点的板层和组件。

（4）"Allow testpoint under component"复选框用于设置允许在元件封装的下面出现测试点。

2）"Testpoint Usage"设计规则

"Testpoint Usage"设计规则用于设置测试点的用法。"Testpoint Usage"设计规则视图中的"Constraints"区域如图 7-4-24 所示。

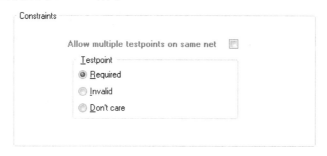

图 7-4-24　"Testpoint Usage"设计规则视图中的"Constraints"区域

（1）"Allow multiple testpoints on same net"复选框用于设置在同一网络上是否允许多个测试点存在。

（2）"Testpoint"区域用于设置测试点有效、无效和忽略。

8．"Manufacturing"规则类

"Manufacturing"规则类主要设置与电路板制造有关的选项，共有 4 个设计规则。

1）"Minimum Annular Ring"设计规则

"Minimum Annular Ring"设计规则用于设置最小环宽，即焊盘或导孔与其通孔之间的直径之差。"Minimum Annular Ring"设计规则视图中的"Constraints"区域如图 7-4-25 所示。

"Minimum Annular Ring （x-y）"文本框用于设置最小环宽。

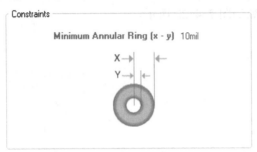

图 7-4-25 "Minimum Annular Ring"设计规则视图中的"Constraints"区域

2）"Acute Angle"设计规则

"Acute Angle"设计规则用于设置具有电气特性的导线与导线之间的最小夹角。最小夹角应该不小于 90°，否则将会在蚀刻后残留药物，导致过度蚀刻。"Acute Angle"设计规则视图中的"Constraints"区域如图 7-4-26 所示。

"Minimum Angle"文本框用于设置最小夹角。

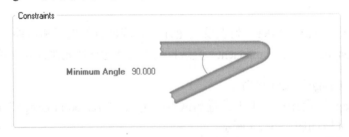

图 7-4-26 "Acute Angle"设计规则视图中的"Constraints"区域

3）"Hole Size"设计规则

"Hole Size"设计规则用于设置孔径尺寸。"Hole Size"设计规则视图中的"Constraints"区域如图 7-4-27 所示。

（1）"Measurement Method"文本框用于设置尺寸表示的形式。

（2）"Minimum"文本框用于设置最小孔尺寸。

（3）"Maximum"文本框用于设置最大孔尺寸。

4）"Layer Pairs"设计规则

"Layer Pairs"设计规则用于设置是否允许在多层板设计中使用板层对。当前使用的板层对由板上使用过的过孔和焊盘来确定层与层的组合。

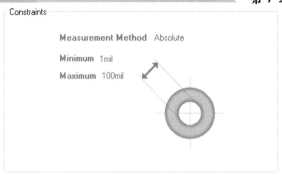

图 7-4-27　"Hole Size"设计规则视图中的"Constraints"区域

通过"Layer Pairs"设计规则视图中的"Constraints"区域中的"Enforce layer pairs settings"可以设置是否使用板层对。

9．"High Speed"规则类

"High Speed"规则类用于设置与高频电路设计有关的选项，共有 6 个设计规则。

1）"Parallel Segment"设计规则

"Parallel Segment"设计规则用于设置并行导线的长度和距离。新建规则后单击"Parallel Segment"选项，在弹出的设计规则视图中的"Constraints"区域如图 7-4-28 所示。

图 7-4-28　"Parallel Segment"设计规则视图中的"Constraints"区域

（1）"Layer Checking"下拉列表用于设置该规则适用的板层。

（2）"For a parallel gap of"文本框用于设置并行走线的最小距离。

（3）"The parallel limit is"文本框用于设置并行导线允许的并行长度。

2）"Length"设计规则

"Length"设计规则用于设置网络的最大和最小长度。"Length"设计规则视图中的"Constraints"区域如图 7-4-29 所示。

（1）"Minimum"文本框用于设置网络的最小长度。

（2）"Maximum"文本框用于设置网络的最大长度。

3）"Matched Net Lengths"设计规则

"Matched Net Lengths"设计规则用于设置网络等长匹配布线。该规则以规定范围中的最长网络为基准，使其他网络通过调整操作，在设定的公差范围内和它等长。"Matched Net Lengths"设计规则视图中的"Constraints"区域如图 7-4-30 所示。

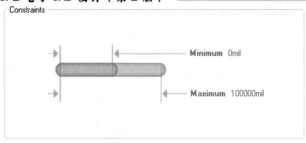

图 7-4-29 "Length"设计规则视图中的"Constraints"区域

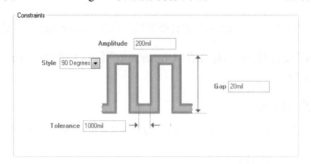

图 7-4-30 "Matched Net Lengths"设计规则视图中的"Constraints"区域

（1）"Amplitude"文本框用于设置匹配折线的振幅。

（2）"Style"下拉列表用于设置匹配折线的形式，系统提供了 3 种选项。

① "90 Degrees"项表示折线的拐角都是 90°的。

② "45 Degrees"项表示折线的夹角都是 45°的。

③ "Rounded"项表示折线采取圆弧波形走线方式。

这 3 种匹配折线的形式如图 7-4-31 所示。

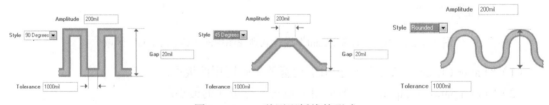

图 7-4-31 3 种匹配折线的形式

（3）"Tolerance"文本框用于设置匹配折线的长度误差。

（4）"Gap"文本框用于设置折线间的间距。

4）"Daisy Chain Stub Length"设计规则

"Daisy Chain Stub Length"设计规则用于设置以菊花链走线时支线的最大长度。"Daisy Chain Stub Length"设计规则视图中的"Constraints"区域如图 7-4-32 所示。

"Maximum Stub Length"文本框用于设置支线的长度。

5）"Vias Under SMD"设计规则

"Vias Under SMD"设计规则用于设置是否允许在 SMD 焊盘下放置过孔。"Vias Under

SMD"设计规则视图中的"Constraints"区域如图 7-4-33 所示。

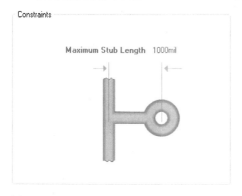

图 7-4-32 "Daisy Chain Stub Length"设计
规则视图中的"Constraints"区域

图 7-4-33 "Vias Under SMD"设计规则视图中的
"Constraints"区域

"Allow Vias under SMD Pads"复选框用于设置允许在 SMD 焊盘下放置过孔。

6)"Maximum Via Count"设计规则

"Maximum Via Count"设计规则用于设置电路板上允许的过孔数。在设计规则视图中的"Constraints"区域的"Maximum Via Count"复选框设置允许的过孔数目。过孔过多会影响电路中的信号质量。

10．"Placement"规则类

"Placement"规则类用于约束元件的布置，共有 6 个设计规则。

1)"Room Definition"设计规则

"Room Definition"设计规则用于定义元件盒的尺寸及其所在的板层。"Room Definition"设计规则视图中的"Constraints"区域如图 7-4-34 所示。

图 7-4-34 "Room Definition"设计规则视图中的"Constraints"区域

（1）"Room Locked"复选框用于设置锁定元件区域。

（2）"Define"按钮用于设置元件区域的大小。单击该按钮后，光标变成十字形并激活PCB 编辑区，用鼠标确定元件区域的大小。

（3）"x1"、"y1"、"x2"和"y2"文本框用于设置元件区域对角顶点的坐标，元件区域的大小也可以通过这些坐标进行设置。

（4）元件区域可以布置到顶层或底层，通过在倒数第二个下拉菜单中选择"Top Layer"项或者"Bottom Layer"项，设置元件盒所在的板层。

（5）"Constraints"区域最下部的下拉菜单用于设置元件相对于元件区域的位置。其中，"Keep Objects Inside"项表示元件放在元件区域以内，"Keep Objects Outside"项表示元件放在元件区域以外。元件一旦被放置在元件盒中，这些元件将随元件盒一起移动。

2）"Component Clearance"设计规则

"Component Clearance"设计规则用于设置元件封装间的最小距离。"Component Clearance"设计规则视图中的"Constraints"区域如图 7-4-35 所示。

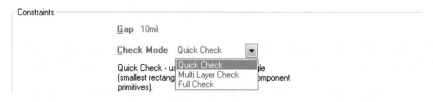

图 7-4-35 "Component Clearance"设计规则视图中的"Constraints"区域

"Check Mode"下拉列表用于设置检查模式。系统提供了 3 种模式供选择。

（1）"Quick Check"项表示快速检查模式。

（2）"MultiLayer Check"项表示多层检查模式。

（3）"FullCheck"项表示全面检查模式。

3）"Component Orientation"设计规则

"Component Orientation"设计规则用于设置元件封装的放置方向。"Component Orientation"设计规则视图中的"Constraints"区域如图 7-4-36 所示。

"Allowed Orientations"用于设置元件封装的放置方向。其中有 5 个角度复选框，允许选择多个布置方向。

4）"Permitted Layer"设计规则

"Permitted Layer"设计规则用于设置自动布局时元件封装的放置板层。"Permitted Layer"设计规则视图中的"Constraints"区域如图 7-4-37 所示。

"Permitted Layers"用于设置元件封装的放置板层。"Top Layer"和"Bottom Layer"复选框分别表示允许在顶层和底层布置元件封装。

图 7-4-36 "Component Orientation"设计规则
视图中的"Constraints"区域

图 7-4-37 "Permitted Layer"设计规则视图中
的"Constraints"区域

5）"Nets to Ignore"设计规则

"Nets to Ignore"设计规则用于设置自动布局时忽略的网络。组群式自动布局时，忽略电源网络可以使布局速度和质量有所提高。

6）"Height"设计规则

"Height"设计规则用于设置在电路板上放置组件的高度。"Height"设计规则视图中的"Constraints"区域如图 7-4-38 所示。

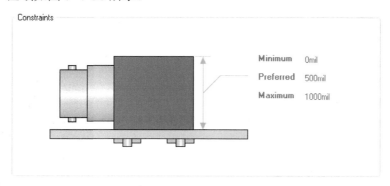

图 7-4-38　"Height"设计规则视图中的"Constraints"区域

（1）"Minimum"文本框用于设置允许组件放置的最小高度。

（2）"Preferred" 文本框用于设置允许组件放置的推荐高度。

（3）"Maximum"文本框用于设置允许组件放置的最大高度。

11．"Signal Integrity"规则类

"Signal Integrity"规则类用于约束信号完整性分析，共有 13 个设计规则。

1）"Signal Stimulus"设计规则

"Signal Stimulus"设计规则用于设置电路分析的激励信号。在"Signal Stimulus"项上单击鼠标右键新建规则，在设计规则视图中的"Constraints"区域如图 7-4-39 所示。

图 7-4-39　"Signal Stimulus"设计规则视图中的"Constraints"区域 1

（1）"Stimulus Kind"下拉列表用于设置信号的种类。系统提供了 3 种选择，如图 7-4-39 所示。

① "Constant Level"项表示直流电信号。

② "Signal Pulse"项表示单脉冲信号。

③"Periodic Pulse"项表示周期脉冲信号。

（2）"Start Level"下拉列表用于设置信号的初始状态。系统提供两种选择，如图 7-4-40 所示。

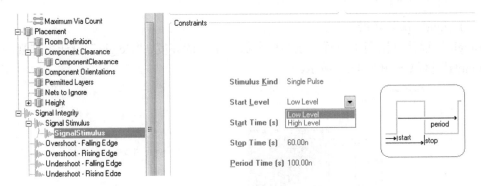

图 7-4-40　"Signal Stimulus"设计规则视图中的"Constraints"区域 2

①"Low Level"项表示低电平。

②"High Level"项表示高电平。

（3）"Start Time（s）"文本框用于设置信号开始时间。

（4）"Stop Time（s）"文本框用于设置信号停止时间。

（5）"Period Time（s）"文本框用于设置信号的周期。

2）"Over Shoot-Falling Edge"设计规则

"Over Shoot-Falling Edge"设计规则用于设置信号下降沿超调量。"Over Shoot-Falling Edge"设计规则视图中的"Constraints"区域如图 7-4-41 所示。

"Maximum（Volts）"文本框用于设置最大超调电压幅度。

3）"Over Shoot-Rising Edge"设计规则

"Over Shoot-Rising Edge"设计规则用于设置信号上升沿超调量。"Over Shoot-Rising Edge"设计规则视图中的"Constraints"区域如图 7-4-42 所示。

"Maximum（Volts）"文本框用于设置最大超调电压幅度。

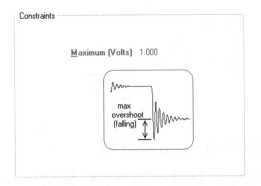

图 7-4-41　"Over Shoot-Falling Edge"设计规则
视图中的"Constraints"区域

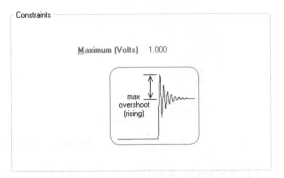

图 7-4-42　"Over Shoot-Rising Edge"设计规则
视图中的"Constraints"区域

4）"Under Shoot-Falling Edge"设计规则

"Under Shoot-Falling Edge"设计规则用于设置信号下降沿欠调电压的最大值。"Under Shoot-Falling Edge"设计规则视图中的"Constraints"区域如图7-4-43所示。

"Maximum（Volts）"文本框用于设置最大欠调电压。

5）"Under Shoot-Rising Edge"设计规则

"Under Shoot-Rising Edge"设计规则用于设置信号上升沿欠调电压的最大值。"Under Shoot-Rising Edge"设计规则视图中的"Constraints"区域如图7-4-44所示。

"Maximum（Volts）"文本框用于设置最大欠调电压。

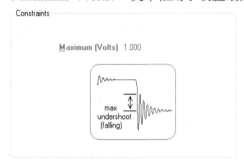 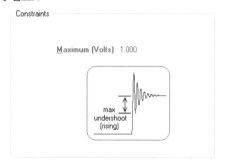

图7-4-43 "Under Shoot-Falling Edge"设计　　图7-4-44 "Under Shoot-Rising Edge"设计
　　规则视图中的"Constraints"区域　　　　　　规则视图中的"Constraints"区域

6）"Impedance"设计规则

"Impedance"设计规则用于设置电路的最大和最小阻抗。"Impedance"设计规则视图中的"Constraints"区域内有"Minimum（Ohms）"和"Maximum（Ohms）"栏，分别用于设置最小阻抗和最大阻抗。

7）"Signal Top Value"设计规则

"Signal Top Value"设计规则用于设置高电平信号最小电压。"Signal Top Value"设计规则视图中的"Constraints"区域如图7-4-45所示。

"Minimum（Volts）"文本框用于设置高电平信号的最小电压。

8）"Signal Base Value"设计规则

"Signal Base Value"设计规则用于设置信号电压基值。"Signal Base Value"设计规则视图中的"Constraints"区域如图7-4-46所示。

"Maximum（Volts）"文本框用于设置最大基值电压幅度。

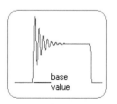

图7-4-45 "Signal Top Value"设计　　图7-4-46 "Signal Base Value"设计
　　规则视图中的"Constraints"区域　　　　　规则视图中的"Constraints"区域

9）"Flight Time-Rising Edge"设计规则

"Flight Time-Rising Edge"设计规则用于设置信号上升沿延迟时间。"Flight Time-Rising Edge"设计规则视图中的"Constraints"区域如图 7-4-47 所示。

"Maximum（seconds）"文本框用于设置最大延迟时间。

10）"Flight Time-Falling Edge"设计规则

"Flight Time-Falling Edge"设计规则用于设置信号下降沿延迟时间。"Flight Time-Falling Edge"设计规则视图中的"Constraints"区域如图 7-4-48 所示。

"Maximum（seconds）"文本框用于设置最大延迟时间。

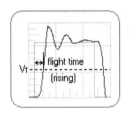

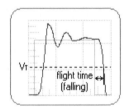

图 7-4-47 "Flight Time-Rising Edge"设计 规则视图中的"Constraints"区域

图 7-4-48 "Flight Time-Falling Edge"设计 规则视图中的"Constraints"区域

11）"Slope-Rising Edge"设计规则

"Slope-Rising Edge"设计规则用于设置信号从阈值电压上升到高电平电压的最大延迟时间。"Slope-Rising Edge"设计规则视图中的"Constraints"区域如图 7-4-49 所示。

"Maximum（seconds）"文本框用于设置最大延迟时间。

12）"Slope-Falling Edge"设计规则

"Slope-Falling Edge"设计规则用于设置信号从阈值电压下降到低电平电压的最大延迟时间。"Slope-Falling Edge"设计规则视图中的"Constraints"区域如图 7-4-50 所示。

"Maximum（seconds）"文本框用于设置最大延迟时间。

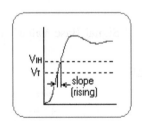

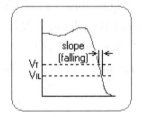

图 7-4-49 "Slope-Rising Edge"设计 规则视图中的"Constraints"区域

图 7-4-50 "Slope-Falling Edge"设计 规则视图中的"Constraints"区域

13）"Supply Nets"设计规则

"Supply Nets"设计规则用于设置电路板中电源网络的电压值。"Supply Nets"设计规则视图中的"Constraints"区域内的"Voltage"文本框用于设置电源电压值。

7.4.3　设计规则向导

Protel DXP 2004 提供了设计规则向导，帮助用户完成设计规则的设置。本节将通过一个设计规则设置的实例，介绍使用设计规则向导设置设计规则的步骤。

（1）在主菜单中选择"Design"→"RuleWizard…"命令，启动设计规则向导，打开如图 7-4-51 所示的设计规则向导启动对话框。

图 7-4-51　设计规则向导启动对话框

（2）单击"Next"按钮，打开如图 7-4-52 所示的选择规则类型对话框。

图 7-4-52　选择规则类型对话框

（3）在"Name"文本框中输入规则的名称，在"Comment"文本框中输入规则的特性描述。选择需要设置的规则类型后，单击"Next"按钮，打开如图 7-4-53 所示的规则适用范围设置对话框。

图 7-4-53　规则适用范围设置对话框

（4）在如图 7-4-53 所示的规则适用范围设置对话框中选择规则使用的范围，如果选中的不是"Whole Board"单选项，则单击"Next"按钮将打开如图 7-4-54 所示的适用范围高级设置对话框。

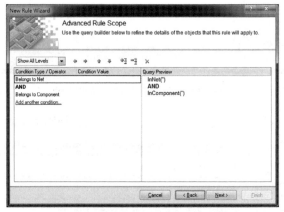

图 7-4-54　适用范围高级设置对话框

（5）在"Condition Type / Operator"和"Condition Value"列中设置规则的范围和条件。完成适用范围高级设置后，单击"Next"按钮，打开如图 7-4-55 所示的优先级设置对话框。

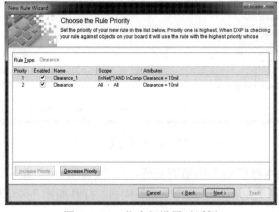

图 7-4-55　优先级设置对话框

（6）通过单击"Decrease Priority"按钮可将所选规则的优先级下降一级，通过单击"Increase Priority"按钮可将所选规则的优先级升高一级。单击"Next"按钮，打开如图 7-4-56 所示的完成规则设置对话框。

图 7-4-56　完成规则设置对话框

（7）在如图 7-4-56 所示的对话框中设置规则的约束条件，设置完毕后，单击"Finish"按钮，系统将弹出图 7-4-57 所示的规则设置对话框，单击"Close"按钮关闭该对话框即可将规则设置保存。

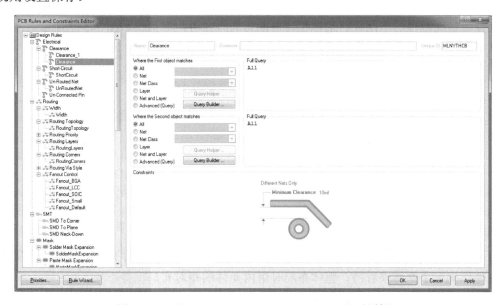

图 7-4-57　"PCB Rules and Constraints Editor"对话框

7.5　PCB 元件布局

7.5.1　自动布局

选择菜单"Tools"→"Component Placement"→"Auto Placer"命令，弹出"Auto Place

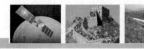

（自动布局方式设置）"对话框，如图 7-5-1 所示。

图 7-5-1 "Auto Place（自动布局方式设置）"对话框

该对话框提供了两种自动布局方式。

1．Cluster Placer（分组自动布局）

分组自动布局方式按照元件连接关系的不同将元件分成组，然后在布局区域内按一定的几何位置进行布局。它的基本布局准则是使布局面积最小。

"Quick Component Placement"复选框：选中时可以加快系统的布局速度。

2．Statistical Placer（统计自动布局）

统计自动布局方式根据统计计算法来放置元件，它以元件的连线长度最短为标准。它适用于元件数量比较多的电路板。选择统计自动布局方式时，对话框如图 7-5-2 所示。

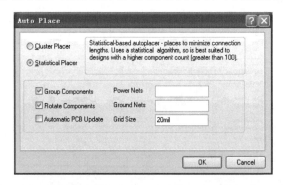

图 7-5-2 选择统计自动布局方式时的"Auto Place"对话框

（1）Group Components：设置是否将当前网络中连接密切的元件分成一组，在布局时将该组元件作为一个整体来看待，整体布局时组内元件的相对布局保持不变。

（2）Rotate Components：设置自动布局时是否允许元件被旋转以找到最佳的方向。

（3）Automatic PCB Update：设置元件布局时是否自动更新到 PCB。

（4）Power Nets：设置电源网络的名称。

（5）Ground Nets：设置接地网络的名称。

（6）Grid Size：设置元件自动布局时网格间距的大小。

本例中的元件数目很少，所以选择分组自动布局方式，如图 7-5-1 所示。图 7-5-3 显示选中"Quick Component Placement"复选框进行快速布局后的分组自动布局结果。

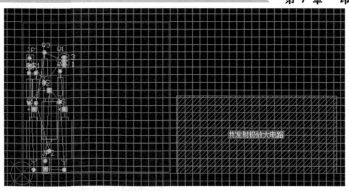

图 7-5-3　分组自动布局结果

7.5.2　手工布局

手工布局包括元件的移动、旋转、排列与对齐等操作。调整布局的两个基本原则如下。

（1）就近原则：元件之间的连线最短。

（2）信号流原则：按信号流向布放元件，以避免输入、输出、高低电平部分交叉成环。

1．元件的移动

（1）使用鼠标拖动元件的方法移动元件。

（2）元件移动的菜单命令为"Edit"→"Move"→"Move"。执行命令后，光标变成十字形，在需要移动的元件上单击，元件便浮于十字形光标上，移动鼠标，元件会跟着十字形光标一起移动，将元件移到合适的位置，单击鼠标左键将元件定位。

对于多个选中的元件，可以使用鼠标拖动或使用菜单"Edit"→"Move"→"Move Selection"命令进行群体移动。

2．元件的旋转

（1）使用快捷键完成元件的旋转。在移动元件的过程中，即元件浮于十字形光标上时，每按一次"Space"键，元件逆时针旋转 90°。

（2）元件旋转的菜单命令为"Edit"→"Move"→"Rotate Selection"。使用菜单命令前，首先选中要旋转的元件，执行命令后，弹出如图 7-5-4 所示的旋转角度设置对话框。

输入旋转角度后单击"OK"按钮，光标变成十字形，将十字形光标移到工作区内，选择一个参考点，被选元件便以该点为参考点旋转相应的角度。

同样，对于多个被选中的元件，可以完成群体的旋转。

3．元件的排列与对齐

元件的排列与对齐命令全部集中在菜单"Edit"→"Align"下面的子菜单中，可以根据需要选用相关命令，使设计的电路板整齐、美观。

4．调整元件标注

调整元件标准的原则如下：

（1）标注要尽量靠近元件，以指示元件的位置。

（2）标注方向要尽量统一，排列有序。

（3）标注的位置不要盖住元件封装、焊盘和过孔。

调整元件标注可以采用移动和旋转等方法，其操作与调整元件的操作相同。调整后的元件布局如图 7-5-5 所示。

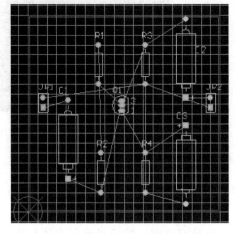

图 7-5-4　旋转角度设置对话框　　　　图 7-5-5　调整后的元件布局

7.6　PCB 布线

7.6.1　布线前的单面板和双面板设置

1．单面板所需的工作层

Top Layer（顶层）：放置元件。

Bottom Layer（底层）：布线，也可以放置元件。

Top Overlay（顶层丝印层）：标注符号、文字等。

Mechanical Layer（机械层）：绘制电路板物理边界。

Keep-Out Layer（禁止布线层）：绘制电路板电气边界。

Multi-Layer（多层）：放置焊盘。

2．单面板布线设置

（1）选择菜单"Design"→"Rules"命令，系统弹出"PCB Rules and Constraints Editor"对话框，如图 7-6-1 所示。

（2）在图 7-6-1 左边窗口中选择"Routing Layers"下面的"Routing Layers"规则，在右边窗口的"Enabled Layers"区域中取消"Top Layer"复选框的选中状态。

（3）单击"OK"按钮。

3．双面板设置

系统默认的设置即为双面板，如果曾经改变过"Routing Layers"规则的设置，再重新设置为双面板，则在图 7-6-1 中同时选中"Top Layer"和"Bottom Layer"复选框后，再进行自动布线的操作。

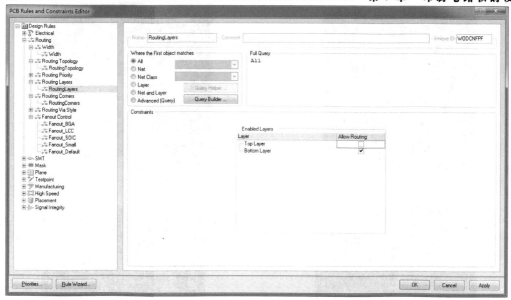

图 7-6-1　设置单面板布线

7.6.2　自动布线

可以对布局结束后的 PCB 进行自动布线。一般来说，用户先是对电路板的布线提出某些要求，设计者按这些要求设计布线规则。在自动布线前，除了设计规则以外，还需要设计系统进行自动布线时采取的策略。使用 Protel DXP 2004 自动布线非常容易、快捷。自动布线可通过执行菜单"Auto Route"中相应的命令进行操作。

1．对选定网络进行布线

在"Auto Route"菜单中选择"Net"命令，光标变成十字形。移动光标到某网络中的一条飞线上，单击鼠标左键，对这条飞线所在的网络进行布线。对选定网络进行布线后的效果如图 7-6-2 所示。

2．对选定飞线（连接）进行布线

在"Auto Route"菜单中选择"Connection"命令，光标变成十字形，移动光标到要布线的飞线上，单击鼠标左键，仅对该飞线进行布线，而不是对该飞线所在的网络布线。对选定飞线（连接）进行布线后的效果如图 7-6-3 所示。

3．对选定区域进行布线

在"Auto Route"菜单中选择"Area"命令，光标变成十字形，按住鼠标左键，拖动出一个矩形区域。在图 7-6-4 中，该区域包括 R2、C1 和 JP1 这 3 个元件，在矩形的另一对角线位置单击鼠标左键，系统自动对这个区域进行布线。

4．对选定元件进行布线

在"Auto Route"菜单中选择"Component"命令，光标变成十字形，移动光标到要布线的元件（如 Q1）上，单击鼠标左键，可以看到与 Q1 有关的导线已经布完，如图 7-6-5 所示。

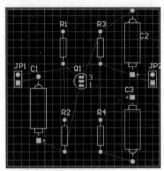

图 7-6-2　对选定网络进行布线后的效果

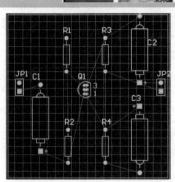

图 7-6-3　对选定飞线（连接）进行布线后的效果

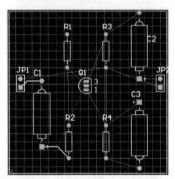

图 7-6-4　对选定区域进行布线的效果

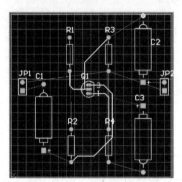

图 7-6-5　对选定元件进行布线的效果

5．全局布线

在"Auto Route"菜单中选择"All"命令，可对整个电路板进行自动布线。执行该命令后，系统弹出如图 7-6-6 所示的"Situs Routing Strategies"对话框。

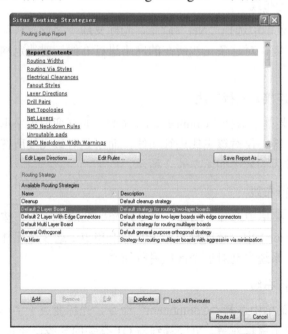

图 7-6-6　"Situs Routing Strategies"对话框

单击"Route All"按钮，弹出布线情况列表，如图 7-6-7 所示。

Class	Document	Source	Message	Time	Date	No.
Situs Event	PCB1.PcbDoc	Situs	Routing Started	16:35:26	2015/12/21	1
Routing ...	PCB1.PcbDoc	Situs	Creating topology map	16:35:26	2015/12/21	2
Situs Event	PCB1.PcbDoc	Situs	Starting Fan out to Plane	16:35:26	2015/12/21	3
Situs Event	PCB1.PcbDoc	Situs	Completed Fan out to Plane in 0 Seconds	16:35:26	2015/12/21	4
Situs Event	PCB1.PcbDoc	Situs	Starting Memory	16:35:26	2015/12/21	5
Situs Event	PCB1.PcbDoc	Situs	Completed Memory in 0 Seconds	16:35:26	2015/12/21	6
Situs Event	PCB1.PcbDoc	Situs	Starting Layer Patterns	16:35:26	2015/12/21	7
Routing ...	PCB1.PcbDoc	Situs	Calculating Board Density	16:35:26	2015/12/21	8
Situs Event	PCB1.PcbDoc	Situs	Completed Layer Patterns in 0 Seconds	16:35:26	2015/12/21	9
Situs Event	PCB1.PcbDoc	Situs	Starting Main	16:35:26	2015/12/21	10
Routing ...	PCB1.PcbDoc	Situs	Calculating Board Density	16:35:26	2015/12/21	11
Situs Event	PCB1.PcbDoc	Situs	Completed Main in 0 Seconds	16:35:26	2015/12/21	12
Situs Event	PCB1.PcbDoc	Situs	Starting Completion	16:35:26	2015/12/21	13
Situs Event	PCB1.PcbDoc	Situs	Completed Completion in 0 Seconds	16:35:26	2015/12/21	14
Situs Event	PCB1.PcbDoc	Situs	Starting Straighten	16:35:26	2015/12/21	15
Situs Event	PCB1.PcbDoc	Situs	Completed Straighten in 0 Seconds	16:35:26	2015/12/21	16
Routing ...	PCB1.PcbDoc	Situs	14 of 14 connections routed (100.00%) in 0 Seconds	16:35:26	2015/12/21	17
Situs Event	PCB1.PcbDoc	Situs	Routing finished with 0 contentions(s). Failed to complete 0 connection(s) in ...	16:35:26	2015/12/21	18

图 7-6-7　布线情况列表

关闭如图 7-6-7 所示的对话框后，系统显示全
局布线效果，如图 7-6-8 所示。

6．拆线

如果对布线的效果不满意，可以利用系统提供
的拆线功能将布线拆除，重新调整元件位
置后再布线。

选择菜单"Tools"→"Un-Route"命令，下一
级子菜单中的命令即为各种拆线命令。

常用拆线命令如下。

（1）All：拆除全部布线。

（2）Net：拆除指定网络布线。

（3）Connection：拆除指定连接布线。

（4）Component：拆除指定元件布线。

图 7-6-8　全局布线效果

7.6.3　手工布线

手工布线是利用飞线的引导在电路板上布线。在 Protel DXP 2004 中，PCB 的导线是由一
系列的直线段组成的，每次方向改变时，新的导线段也会按新的方向开始。在默认情况下，Protel
DXP 2004 初始时会使导线走向为垂直（Vertical）、水平（Horizontal）或 45°角（Start45°），本
节使用默认值，将完成布局的 PCB 作为单面板来进行手工布线，所有导线都布置在底层
（Bottom Layer）。

手工布线的操作步骤如下。

（1）检查布线的层标签。检查文档工作区底部的层标签，确认当前层为 Bottom Layer（底层）。

（2）选择菜单"Place"→"Interactive Routing"命令或单击布线工具栏的图标 ，或按快捷键 P/T 启动导线放置后，光标变成十字形状，表示处于导线放置模式。

（3）将十字形光标移到焊盘中心，单击鼠标左键确定导线起点，此时焊盘上会出现八角形状，说明光标和焊盘的中心重合。移动导线到另一焊盘，单击鼠标左键确定第一段导线的位置和长度，再单击鼠标左键，确定第二段导线的位置和长度。单击鼠标右键结束这一段导线的绘制，再次单击鼠标右键退出放置导线状态。

在放置导线状态下并确定了导线起点后，按"Tab"键可以打开"Interactive Routing"（交互布线设置）对话框，如图 7-6-9 所示。

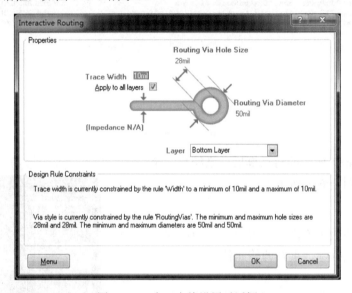

图 7-6-9　交互布线设置对话框

交互布线设置对话框各选项含义如下。

（1）Track Width：设置导线的宽度。

（2）Via Hole Size：设置与导线相连的过孔孔径。

（3）Via Diameter：设置与导线相连的过孔外径。

（4）Layer：设置导线所放置的板层。

（5）"Menu"按钮：用来设置导线的布线规则，单击该按钮，弹出如 7-6-10 所示的菜单。

设置导线的布线规则共 4 个选项。

① Edit Width Rule：编辑线宽规则。

② Edit Via Rule：编辑过孔规则。

③ Add Width Rule：添加线宽规则。

④ Add Via Rule：添加过孔规则。

```
Edit Width Rule
Edit Via Rule
Add Width Rule
Add Via Rule
```

图 7-6-10　设置导线的布线规则

另外，对于绘制完的导线，用鼠标双击导线，可以打开导线属性设置对话框。

7.7　自动布局与自动布线中的典型设置与操作

在 PCB 设计中可能会遇到很多实际问题，如某些元件必须放置在指定位置、电源线与接地线等要比信号线宽、各导电对象之间的安全间距有一定的要求等，这些问题既可以手工编辑，也可以在自动布线前通过相应规则的设置由系统自动完成。

7.7.1　在自动布局前进行元件预布局

本节完成在自动布局前将 JP2 放到指定位置和指定工作层的操作。

（1）在图 7-3-3 中将 JP2 拖到电路板边框中，如图 7-7-1 所示。

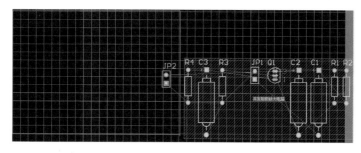

图 7-7-1　将 JP2 拖到电路板边框中

（2）双击 JP2，系统弹出"Component JP2"对话框，在该对话框的"Component"区域的"Layer"下拉列表中选择"Bottom Layer"，然后选中"Locked"复选框将元件封装锁定，单击"OK"按钮，如图 7-7-2 所示。

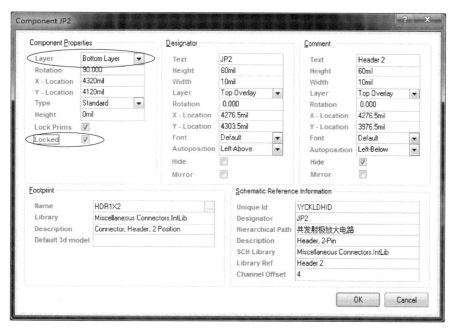

图 7-7-2　"Component JP2"对话框

7.7.2　在自动布线前设置线宽和安全间距

1．设置安全间距

（1）选择菜单"Design"→"Rules"命令，系统弹出"PCB Rules and Constraints Editor"对话框。

（2）在对话框的左侧选中"Component Clearance"规则名称，对话框的右侧出现如图 7-7-3 所示的规则设置界面。

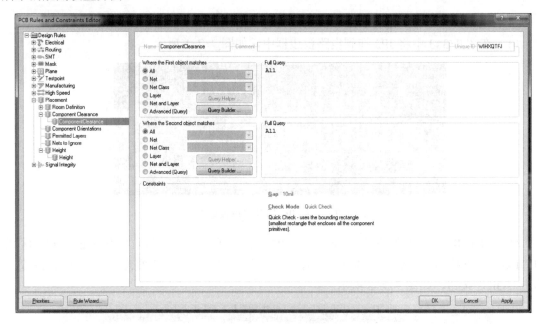

图 7-7-3　设置安全间距

（3）在图 7-7-3 右侧的"Constraints"区域中将"Gap"的值改为 15 mil，单击"OK"按钮即可。

2．设置线宽

1）其余网络线宽为默认的规则设置

在图 7-7-4 的右下侧区域设置具体线宽，因本例对其他网络要求的是默认线宽，故无须进行修改。

2）设置 VCC 网络线宽为 20 mil

（1）在图 7-7-4 左侧的线宽规则"Width"上单击鼠标右键，在弹出的快捷菜单中选择"New Rule（增加一个新规则）"命令，如图 7-7-5 所示。

（2）选择"New Rule"命令后，"PCB Rules and Constraints Editor"对话框显示如图 7-7-6 所示的画面。

（3）在该对话框左侧单击新建的"Width"规则名或在对话框右侧双击"Width"规则名，系统均可弹出如图 7-7-7 所示的对话框。

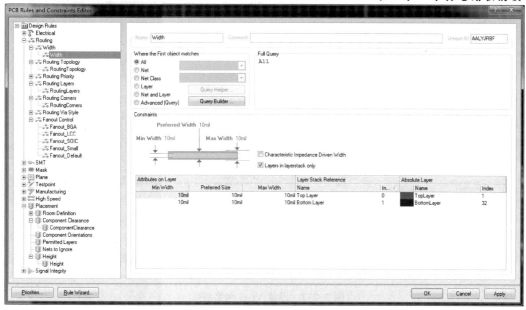

图 7-7-4　线宽默认设置画面

图 7-7-5　选择"New Rule（增加一个新规则）"命令

图 7-7-6　增加线宽新规则后的画面

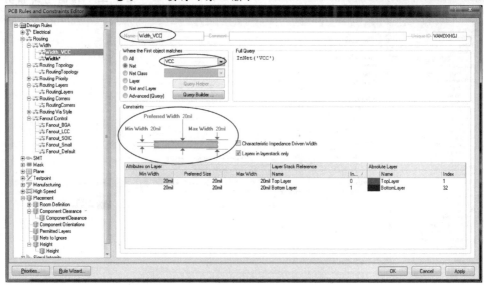

图 7-7-7　设置 VCC 网络线宽

（4）在"Name"文本框中将规则名改为"Width_VCC"；在"Where the First object matches"区域中选择"Net"单选项，从"Net"右侧的网络名称列表中选择"VCC"；将"Min Width"（最小线宽）、"Preferred Size"（首选线宽）、"Max Width"（最大线宽）均设置为"20 mil"。

3）设置 GND 网络线宽为 30mil

（1）按照上一步骤中介绍的方法新建一个新规则，并调出新规则设置画面。

（2）按照如图 7-7-8 所示进行设置，在"Name"文本框中将规则名改为"Width_GND"；在"Where the First object matches"区域中选择"Net"单选项，从"Net"右侧的网络名称列表中选择"GND"；将"Min Width"（最小线宽）、"Preferred Size"（首选线宽）、"Max Width"（最大线宽）均设置为 30 mil。

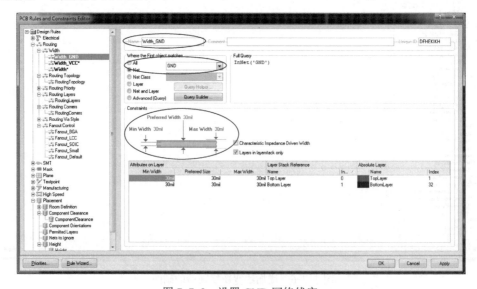

图 7-7-8　设置 GND 网络线宽

7.7.3　在自动布线前进行预布线

本节完成对 GND 网络的预布线。

1．在 PCB 文件中查找所需网络

完成上一节的操作之后，调整好布局的 PCB 文件如图 7-7-9 所示。

（1）打开"PCB"面板，在"PCB"面板的上部选择"Nets"，在"Net Classes"区域中选择"All Nets"，在"Nets"区域中选择网络名称 GND，如图 7-7-10 所示。

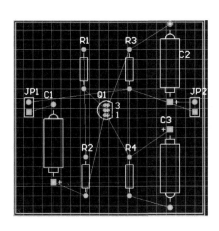

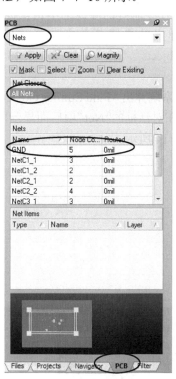

图 7-7-9　调整好布局的 PCB 文件　　　图 7-7-10　查找 GND 网络时"PCB"面板中的设置

（2）右边工作窗口中的所有对象都变为掩膜状态，只有 GND 网络显示为高亮状态，即查找到 GND 网络，如图 7-7-11 所示。

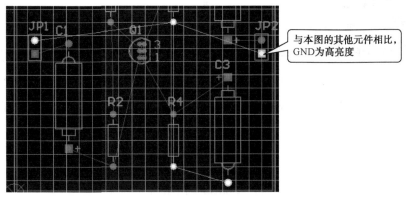

图 7-7-11　GND 网络显示为高亮状态

（3）参照 7.6.3 节手工布线完成 GND
网络铜膜导线的绘制。

（4）对已绘制的铜膜导线进行锁定
操作：双击铜膜导线，在弹出的"Track"
对话框中选中"Locked"复选框，如图
7-7-12 所示。

利用全局编辑进行锁定的方法。

（1）在绘制好的导线上单击鼠标右
键，在弹出的快捷菜单中选择"Find
Similar Objects…"命令，如图 7-7-13 所
示。

（2）系统弹出"Find Similar Objects"

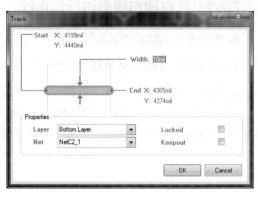

图 7-7-12　锁定导线的设置

对话框，在对话框的"Net"项后面显示网络名称为 GND，将"GND"右边的条件设置为"Same"，
如图 7-7-14 所示。

图 7-7-13　选择"Find Similar Objects…"命令

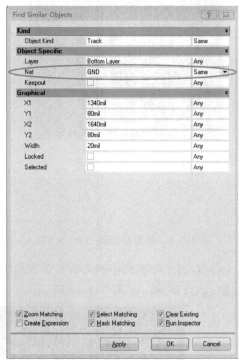

图 7-7-14　"Find Similar Objects"对话框

（3）在图 7-7-14 中单击"Apply"按钮，此时工作窗口变为掩膜状态，只有 GND 网络
呈现选中状态（如图 7-7-15 所示），再单击"Find Similar Objects"对话框中的"OK"按钮，
关闭该对话框。

（4）系统弹出"Inspector"对话框，在"Inspector"对话框中选中"Locked"复选框，如
图 7-7-16 所示，然后单击对话框中的"Cancel"按钮 。

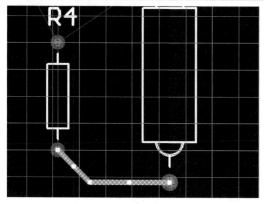

图 7-7-15　工作窗口为掩膜状态，
只有 GND 网络呈选中状态

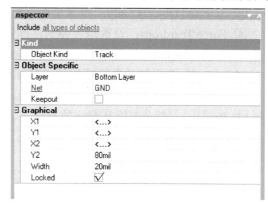

图 7-7-16　选中"Locked"复选框

7.8　PCB 的改进与完善

7.8.1　印制电路板中引出端的处理

在实际 PCB 设计中，电源、接地、信号的输入和输出等端必须与外界相连，引出方式根据工艺要求而定。常见的引出方式——利用焊盘引出和利用接插件引出。下面介绍利用焊盘引出的方法：

单击"Wiring"工具栏中的"放置焊盘"图标→按"Tab"键弹出"Pad（焊盘）"对话框，修改焊盘属性。将"Net"（所在网络）后选择为"GND"。这时，焊盘与 GND 网络之间有一条飞线，根据飞线指示，将焊盘拖动到合适位置。用同样的方法放置焊盘连接 VCC。

将当前层设置为"Top Overlay"（顶层丝印层），单击"Wiring"工具栏中的"放置字符"图标，对焊盘进行 VCC、GND 等字符标注。

7.8.2　补泪滴

补泪滴就是使焊盘和导线的连接处成泪滴形状，目的是增加焊盘和印制导线连接处的宽度，提高焊盘在电路板上的机械强度。

选择菜单"Tools"→"Teardrops"命令，系统弹出"Teardrop Options"（泪滴选项设置）对话框，如图 7-8-1 所示。

泪滴选项设置对话框各个区域的设置如下。

（1）"General"区域各复选框含义如下。

① All Pads：设置是否对所有焊盘进行补泪滴操作。

② All Vias：设置是否对所有过孔进行补泪滴操作。

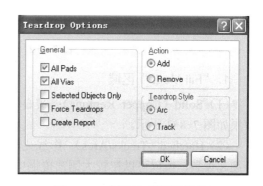

图 7-8-1　泪滴选项设置对话框

③ Selected Objects Only：设置是否只对选中的对象进行补泪滴操作

④ Force Teardrops：设置是否强制性地进行补泪滴操作。

⑤ Create Report：设置是否在补泪滴操作后生成补泪滴报告文件。

（2）"Action"区域的单选项用于设置补泪滴的操作方式。

① Add：表示添加补泪滴的操作。

② Remove：表示删除补泪滴的操作。

（3）"Teardrop Style"区域的单选项用于设置补泪滴的形状。

① Arc：用圆弧形补泪滴。

② Track：用导线形补泪滴。

设置完成后单击"OK"按钮，系统进行补泪滴操作。

7.8.3 多边形覆铜

布线完成后，在较大面积的无导线区域，可以添加连接到地线、电源或其他网络的覆铜区，一方面可以提高电路板的抗干扰和导电能力，另一方面也可提高电路板导线铜箔对电路板基板的附着力，以免在较长时间的焊接过程中焊盘翘起和脱落。

选择菜单"Place"→"Polygon Pour"命令，或者单击布线工具栏的图标 ，弹出"Polygon Pour"（多边形覆铜设置）对话框，如图 7-8-2 所示。

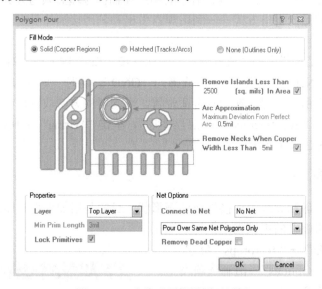

图 7-8-2 多边形覆铜设置对话框

1．"Fill Mode"区域

（1）Solid（Copper Regions）：实心填充（铜区）。覆铜没有开孔，填充区为整块铜箔，效果如图 7-8-3 所示。

（2）Hatched（Tracks/Arcs）：影线化填充（导线/弧）。因为较大的整块铜箔在受热时可能会翘起爆裂，所以可以在较大铜箔覆铜中开孔，如图 7-8-4 所示。

（3）None（Outlines Only）：无填充（只有边框）。覆铜区只有边缘边框。

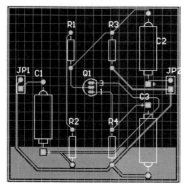

图 7-8-3 实心填充（铜区）效果

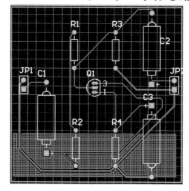

图 7-8-4 影线化填充（导线/弧）效果

2．"Properties" 区域

（1）Layer：设置覆铜所在的板层。

（2）Min Prim Length：设置多边形内导线的最小长度。

（3）Lock Primitives：设置是否将多边形覆铜的所有导线锁定为一个整体。

3．"Net Options" 区域

（1）Connect to Net：用来选择与多边形覆铜连接的网络。

① Don't Pour Over Same Net Objects：不包围相同网络走线。导线和覆铜只是以小导线连接，没有完全融合在一起。

② Pour Over All Same Net Objects：包围所有相同网络对象（含导线、铜区域、矩形填充等），选中该选项，可以使覆铜和导线融为一体，完全融合。

③ Pour Over Same Net Polygons Only：包围相同网络的铜区域、矩形填充等。

本例选择"Pour Over All Same Net Objects"。

（2）Pour Over Same Net：设置覆铜时是否覆盖同一网络的导线和焊盘。

（3）Remove Dead Copper：设置是否删除不与任何网络连接的死铜。

注意，覆铜区必须是封闭的多边形，通常电路板采用的是长方形，因此覆铜区最好沿长方形的 4 个顶点，即整个电路板。整个电路板覆铜后的效果如图 7-8-5 所示。

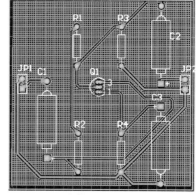

图 7-8-5 整个电路板采用影线化填充（导线/弧）覆铜后的效果

7.9 报表生成与电路板输出

7.9.1 生成电路板信息报表

电路板信息报表能够为用户提供一个电路板的完整信息，包括电路板尺寸、电路板上的

焊盘与过孔的数量，以及电路板上的元件标号等内容。

（1）打开 PCB 项目文档，这里选择 7.8 节中完成的 PCB 项目文件。在"Projects"工作面板中双击"共发射极放大电路.PcbDoc"，打开该文件。

（2）在主菜单中选择"Reports"→"Board Information…"命令，打开如图 7-9-1 所示的"PCB Information"对话框。

"PCB Information"对话框有 3 个选项卡，内容分别如下。

①"General"选项卡如图 7-9-1 所示，该选项卡主要显示电路板的常规信息，包括电路板的大小、导线数、焊盘和焊孔数等。

②"Components"选项卡如图 7-9-2 所示，该选项卡用于显示当前电路板上使用的元件信息，包括元件封装序号及其所在的板层信息。

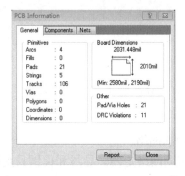

图 7-9-1 "PCB Information"对话框

图 7-9-2 "Components"选项卡

③"Nets"选项卡如图 7-9-3 所示，该选项卡用于显示当前电路板中的网络信息。

（3）单击"Nets"选项卡中的"Pw/Gnd…"按钮，打开如图 7-9-4 所示的"Internal Plane Information"对话框，可以查看内部电源层的信息。

图 7-9-3 "Nets"选项卡

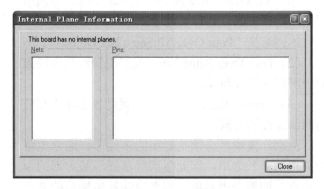

图 7-9-4 "Internal Plane Information"对话框

（4）单击"Close"按钮，关闭"Internal Plane Information"对话框，然后单击"PCB Information"对话框中的"Report"按钮，打开如图 7-9-5 所示的"Board Report"对话框。

（5）在"Board Report"对话框中选中报表文件中包含的内容或信息。选中"Layer Information（板层信息）"复选框后，单击"Report"按钮，则会产生板层信息报表，生成如图 7-9-6 所示的"共发射极放大电路.REP"文件。

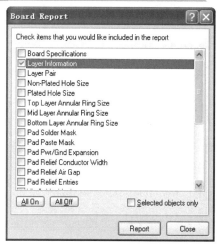

图 7-9-5 "Board Report"对话框

图 7-9-6 "共发射极放大电路.REP"文件

（6）单击标准工具栏中的保存工具按钮 ，保存生成的文件。

7.9.2 生成元件报表

选择菜单"Reports"→"Bill of Materials"命令，弹出元件报表设置对话框，该对话框的内容与原理图元件报表对话框的设置内容相同。

7.9.3 生成网络状态报表

网络状态报表用来显示电路板上每一条网络的导线总长度。选择菜单"Reports"→"Netlist Status"命令，生成网络状态报表。

7.9.4 PCB 电路图的输出

电路图输出的具体步骤如下。

1. 页面设置

选择菜单"File"→"Page Setup"命令，系统弹出页面设置对话框，如图 7-9-7 所示。

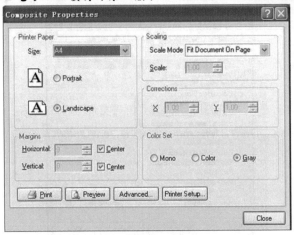

图 7-9-7　页面设置对话框

该对话框可以对纸张的大小、方向、页边距、打印比例、打印颜色等内容进行设置。

2．打印输出属性设置

单击页面设置对话框下面的"Advanced…"按钮，弹出打印输出属性设置对话框，如图 7-9-8 所示。

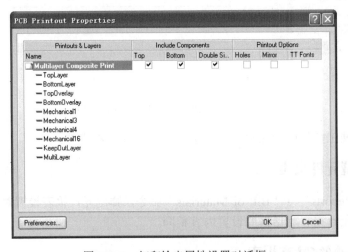

图 7-9-8　打印输出属性设置对话框

在该对话框中选择需要打印的板层，然后单击"OK"按钮。

3．打印预览

完成页面设置并选择了打印板层之后，在页面设置对话框中单击"Preview"按钮，或者选择菜单"File"→"Print Preview"命令，系统显示打印预览图。

4．打印输出

打印预览后，如果符合要求，就单击页面设置对话框中的"Print"按钮，系统弹出打印机配置对话框。选择菜单"File"→"Print"命令，也可以打开该对话框，单击该对话框的

"OK"按钮，即开始打印。

7.9.5　生成 Gerber 文件

本节将通过一个实例介绍生成 Gerber 文件的方法，生成 Gerber 文件的步骤如下。

（1）打开 PCB 项目文档，本例选择 7.8 节中完成的 PCB 项目文件，在"Projects"工作面板中双击"PCB1.PcbDoc"，打开该文件。

（2）在主菜单中选择"File"→
"Fabrication Output"→"Gerber Files"
命令，打开如图 7-9-9 所示的"Gerber
Setup"对话框。

1）"General"选项卡

"General"选项卡如图 7-9-9 所示，
该选项卡用于设置产生 Gerber 文件的单
位和数据格式。

（1）"Units"区域用于设置 Gerber
文件的单位。系统提供两种单位供选择，
"Inches"表示英寸，"Millimeters"表
示毫米。

（2）"Format"区域用于设置坐标

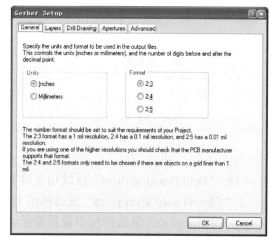

图 7-9-9　"Gerber Setup"对话框

数据的精度，该精度必须适应 PCB 工作区内实体的放置精度。系统提供 3 种设计精度："2∶3"
表示精确到 1 mil，"2∶4"表示精确到 0.1 mil，"2∶5"表示精确到"0.01 mil"。精度越高
对光绘和制造设备的要求就越高。

2）"Layers"选项卡

"Layers"选项卡如图 7-9-10 所示，该选项卡用于设置需要产生 Gerber 文件的层。

（1）"Plot/Mirror Layers"列表用于选择需要生成 Gerber 文件的层，选中 PCB 层对应的
"Plot"复选框，即可生成该层的 Gerber 文件。如果需要对某一层图形进行镜像，则选中该层
对应的"Mirror"复选框。

（2）"Mechanical Layer to Add to All Plots"列表用于选择需要在各层 Gerber 中出现的机
械层。

（3）"Include unconnected mid-layer pads"复选框用于在 Gerber 中绘出未连接的中间层焊盘。

（4）"Plot Layers"和"Mirror Layers"按钮用于选择"Plot/Mirror Layers"列表中的绘
制层和镜像层。单击"Mirror Layers"按钮，在弹出的菜单中选择"All On"命令即可全选
"Plot/Mirror Layers"列表中的绘制层或镜像层；选择"All Off"命令即可关闭所有层；选择
"Used On"命令即可选择所有用到的层。

对于不同的 PCB 层，Gerber 绘图文件会自动附加一个特殊的扩展名。

3）"Drill Drawing"选项卡

"Drill Drawing"选项卡如图 7-9-11 所示，其中的选项功能如下。

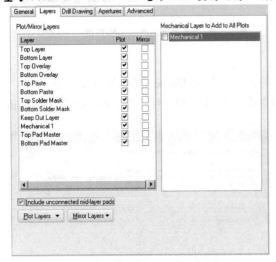

图 7-9-10 "Layers" 选项卡　　　　　图 7-9-11 "Drill Drawing" 选项卡

（1）"Drill Drawing Plots" 区域用于设置钻孔统计图。

① "Plot all used layer pairs" 复选框用于设置绘制用到的所有层对。

② "Mirror plots" 复选框用于设置镜像绘制。

③ "Drill Drawing Symbols" 栏用于设置钻孔统计图中的符号标注形式。

a. "Graphic symbols" 单选项表示采用图形标注。

b. "Size of hole string" 单选项表示采用字符串标注。

c. "Characters" 单选项表示采用字符标注。

④ "Symbol size" 文本框用于设置标注符号的大小。

（2）"Drill Guide Plots" 区域用于设置钻孔导向图。

① "Plot all used layer pairs" 复选框用于设置绘制用到的所有层对。

② "Mirror plots" 复选框用于设置镜像绘制。

4）"Apertures" 选项卡

"Apertures" 选项卡如图 7-9-12 所示，该选项卡用于设置产生 Gerber 文件时建立光圈表的选项。如果选中 "Embedded apertures（RS274X）" 复选框，则系统自动建立光圈表，然后按照 "RS274X" 标准将光圈表嵌入到 Gerber 文件中。推荐选择这个复选框，这样，用户就不需要手动设置光圈表了，自动建立的光圈表包含所有需要的光圈信息。若不使用嵌入式光圈表，也可以单击 "Create List From PCB" 按钮，由 PCB 文件产生光圈表。

5）"Advanced" 选项卡

"Advanced" 选项卡如图 7-9-13 所示，该选项卡用于设置与光绘胶片相关的选项，具体内容如下。

（1）"Film Size" 区域用于设置胶片尺寸及边框大小。

（2）"Leading/Trailing Zeroes" 区域用于设置处理数字数据文件时多余零字符的格式。

（3）"Aperture Matching Tolerances" 区域设置绘图与 D 码表匹配的公差范围。

（4）"Position on Film" 区域用于设置图形在胶片上的位置。

图 7-9-12　"Apertures"选项卡　　　　　　图 7-9-13　"Advanced"选项卡

（5）"Batch Mode"区域用于设置出胶片的批处理方式。

（6）"Plotter Type"区域用于设置绘图机的类型是光栅还是矢量。

（7）"Other"区域用于设置 G54 语句和软件弧等选项。

在"Gerber Setup"对话框中设置 Gerber 的参数，然后单击"OK"按钮，执行产生 Gerber 文件的命令。

所有按照设置生成的 Gerber 文件保存在项目路径下的"Generated Documents"文件夹中，并自动调入 CAMtastic 界面，生成 CAMtastic1.Cam 文件，进行制造板图的检查、校验、图形编辑等工作，如图 7-9-14 所示。

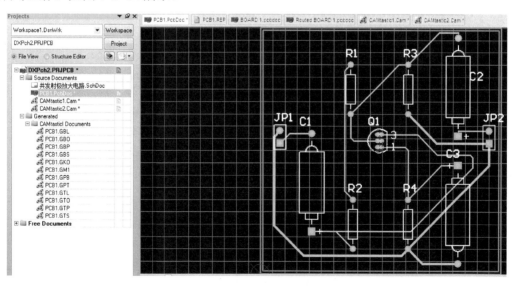

图 7-9-14　打开的 CAMtastic1.Cam 文件

7.9.6 输出数控钻孔（NC Drill）文件

NC Drill 文件是由 PCB 文档生成的，是提供数控钻孔设备信息的文件。数控钻孔文件可以直接被钻孔设备读取，文件中包含每个孔的坐标和使用的钻孔刀具等信息。

钻孔文件有以下 3 种类型。

（1）*.DRR 文件，此类文件用于钻孔报告，包括工具分配、孔尺寸、孔数量和工具转换。

（2）*.TXT 文件，此类文件是 ASCII 格式的钻孔文件。对于多层带有盲孔和埋孔的 PCB，每个层对产生单独的带有唯一扩展名的钻孔文件。

（3）*.DRL 文件，此类文件是二进制格式的钻孔文件。对于多层带有盲孔和埋孔的 PCB，每个层对产生单独的带有唯一扩展名的钻孔文件。

输出 NC Drill 文件的步骤如下。

（1）打开 PCB 项目文档，本例中选择 7.8 节中完成的 PCB 项目文件，在"Projects"工作面板中双击"PCB1.PcbDoc"，打开该文件。

（2）在主菜单中选择"File"→"Fabrication Output"→"NC Drill Files"命令，打开如图 7-9-15 所示的"NC Drill Setup"对话框。

"NC Drill Setup"对话框用于设置 NC Drill 参数。其中的选项功能如下。

① "NC Drill Format"区域用于设置输出数控钻孔文件的格式。生成的 NC Drill 文件应和 Gerber 文件具有相同的格式和精度。

② "Leading/Trailing Zeroes"区域用于设置处理数字数据文件时多余零字符的格式。

③ "Coordinate Positions"区域用于选择坐标系统。"Reference to absolute origin"单选项表示使用绝对原点，"Reference to relative origin"单选项表示使用用户设置的相对原点。

④ "Other"区域用于设置优化改变位置命令的选项。

（3）在"NC Drill Setup"对话框中设置 NC Drill 文件参数后单击"OK"按钮，打开如图 7-9-16 所示的"Import Drill Data"对话框。

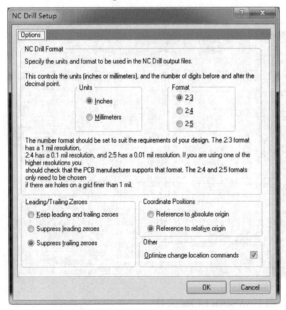

图 7-9-15 "NC Drill Setup"对话框 图 7-9-16 "Import Drill Data"对话框

（4）在如图 7-9-16 所示的对话框中设置长度单位和默认孔的尺寸，然后单击"OK"按钮，生成 NC Drill 文件。

生成的 NC Drill 文件保存在与项目文件同路径的"Generated TextFiles"文件夹下。系统自动进入 CAMtastic 界面，并加载输出文件。在该界面中，用户可进一步检查钻孔数据，生成的钻孔文件如图 7-9-17 所示。

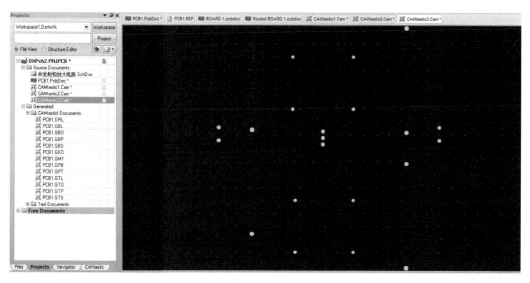

图 7-9-17　生成的钻孔文件

（5）单击标准工具栏中的保存工具按钮🖫，保存生成的文件。

练习题 7

7.1　根据如题图 7-1（a）所示的电气原理图，手工绘制一块单层电路板图。电路板长 1 450 mil，宽 1 140 mil。参照题图 7-1（b）进行手工布局，其中按钮 S、电源和扬声器 SP 等元件要外接，需在电路板上放置焊盘。布局后在底层进行手工布线，布线宽度为 20 mil。布线结束后，进行字符调整，并为按钮、电源和扬声器添加标识字符。

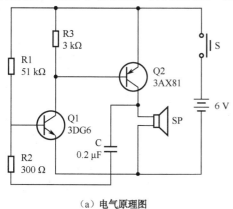

（a）电气原理图

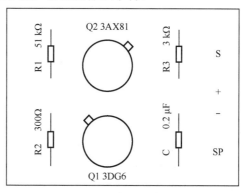

（b）参考布局图

题图 7-1

7.2 根据如题图 7-2（a）所示的电气原理图，手工绘制一块单层电路板图。电路板长 1 700 mil，宽 850 mil，需加载 International Rectifiers.ddb 元件库。参照图 7-2（b）进行手工布局，其中交流输入和直流输出要对外引线，需在电路板上放置焊盘。布局后在底层进行手工布线，布线宽度为 30 mil，且对全部焊盘进行补泪滴。布线结束后，进行字符调整，并为电源的输入/输出添加标识字符。

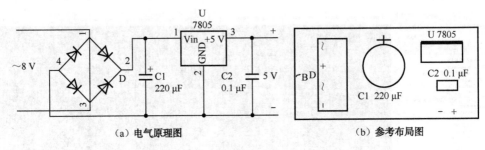

(a) 电气原理图　　　　　　　　　　(b) 参考布局图

题图 7-2

7.3 正负电源电路如题图 7-3 所示，设计该电路的电路板。设计要求：

（1）使用单层电路板，电路板尺寸为 3 000 mil×2 000 mil。

（2）电源、地线的铜膜线宽度为 40 mil。

（3）一般布线的宽度为 20 mil。

（4）布线时只能单层走线。

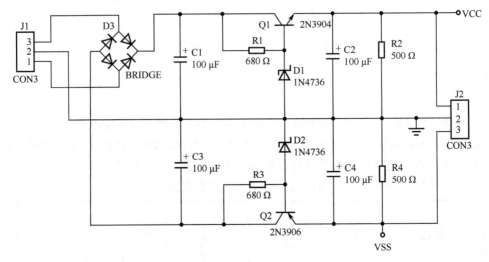

题图 7-3

7.4 振荡分频电路如题图 7-4 所示，设计该电路的电路板。设计要求：

（1）使用双层电路板，电路板尺寸为 2 200 mil×1 700 mil。

（2）电源、地线的铜膜线宽度为 25 mil。

（3）一般布线的宽度为 20 mil。

（4）手工放置元件封装，并布局合理。

（5）手工连接铜膜线。

（6）布线时考虑顶层和底层都走线，顶层走水平线，底层走垂直线。

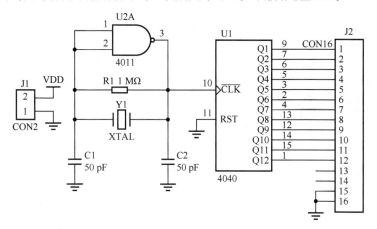

题图 7-4

7.5　试画如题图 7-5 所示的光隔离电路，设计该电路的电路板。设计要求：

（1）使用双面板，板框尺寸为 2 600 mil×1 500 mil。

（2）采用插针式元件。

（3）镀铜过孔。

（4）焊盘之间允许走一根铜膜线。

（5）最小铜膜线走线宽度为 10 mil，电源、地线的铜膜线宽度为 20 mil。

（6）画出原理图后创建网络表、手工布局、自动布线。

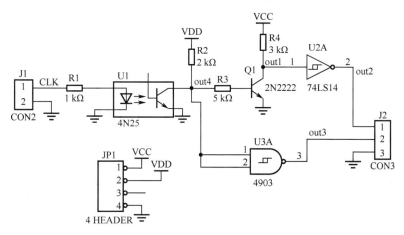

题图 7-5

7.6　分别生成练习题 7-1～7-5 的电路板信息报表、元件报表，并分别完成 PCB 电路板图的输出。

第**8**章

创建 PCB 元件封装

　　尽管 Protel 软件系统提供的元件封装相当丰富，但设计者总会遇到在已有元件库中找不到合适元件封装的情况。对于这种情况，一方面需要设计者对已有的元件封装进行改造；另一方面，需要设计者自行创建新的元件封装。

　　Protel DXP 2004 SP2 提供了一个功能强大的元件封装库编辑器，以实现元件封装的编辑和管理工作。

教学导航

教	知识要点	1. 元件封装
		2. PCB 元件封装库文件常用命令
学	技能要点	1. 对当前 PCB 文件创建一个 PCB 元件封装库
		2. 手工定义 PCB 元件封装
		3. 利用向导生成 PCB 元件封装
		4. 使用自己绘制的元件封装

8.1　创建 PCB 元件封装库

8.1.1　创建新的元件封装库

（1）新建或打开一个工程项目文件。

（2）在"Projects"面板的工程项目名称上单击鼠标右键，在弹出的快捷菜单中选择"Add New to Project"→"PCB Library"命令，如图 8-1-1 所示。

（3）在"Projects"面板的工程项目名称下出现一个名为"PCB Library Documents"的文件夹（如图 8-1-2 所示），在该文件夹下显示名为"PcbLib1.PcbLib"的 PCB 封装库。其中，PcbLib1 是系统默认的 PCB 封装库主文件名，在保存文件时可以修改，.PcbLib 是 PCB 封装库的扩展名。

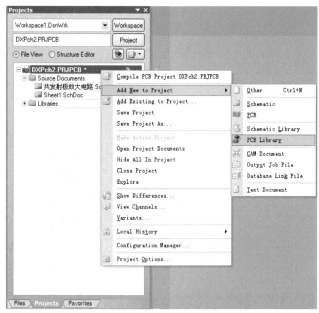

图 8-1-1　新建 PCB 封装库文件步骤

图 8-1-2　新建的 PCB 封装库文件

（4）注意，此时该文件并未保存，单击"保存"图标或选择菜单"File"→"Save（或Save As）"命令，均可弹出保存对话框，读者可在保存对话框中修改主文件名，然后单击"保存"按钮，将其保存。

8.1.2　对当前 PCB 文件创建一个 PCB 元件封装库

以这种方式生成库，需要打开 PCB 文件并使该 PCB 文件为当前编辑文件，本例打开安装盘下系统自带的\Program Files\Altium\Examples\4 Port Serial Interface.PcbDoc 文件。选择菜单"Design"→"Make PCB Library"命令，Protel DXP 2004 自动生成 PCB 元件封装库，默认名为对应 PCB 文件名加上扩展名.PcbLib，并自动打开 PCB 元件封装编辑器，库中包含了该 PCB 文件中包含的所有元件，元件编辑区显示的是第一个元件（以元件名的第一个

字母为序）的封装形式。在库元件的列表框中，显示了该库中的所有元件，如图 8-1-3 所示。单击各元件名，可以浏览所有元件。

8.2　手工定义 PCB 元件封装

在 PCB 元件封装编辑器环境中，用户可手工定义 PCB 元件封装。本节将通过一个手工定义 "DIP-8" PCB 元件封装的实例，介绍手工定义 PCB 元件封装的方法。

（1）参照 8.1.1 节中内容新建一个名为 "Pcb1.PcbLib" 的文件，同时启动 PCB 元件封装编辑器。

（2）选择 "PCB Library" 工作面板 "Component" 列表中的 "PCBCOMPONENT_1" 栏，在主菜单中选择 "Tools"→"Component Properties" 命令，打开如图 8-2-1 所示的 "PCB Library Component" 对话框。

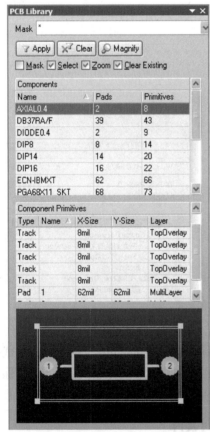

图 8-1-3　库元件列表中的所有封装　　　　图 8-2-1　"PCB Library Component" 对话框

（3）在如图 8-2-1 所示的 "PCB Library Component" 对话框的 "Name" 文本框内输入 "DIP-8"，单击 "OK" 按钮，将元件更名为 "DIP-8"。

（4）设置环境参数。选择菜单 "Tools"→"Library Options" 命令，系统弹出板层选项设置对话框，如图 8-2-2 所示。

第 8 章 创建 PCB 元件封装

图 8-2-2 板层选项设置对话框

（5）单击工作区下部的"Top Overlay"标签，将顶层丝印层"Top Overlay"设置为当前编辑层。

（6）单击布置图元工具栏中的直线工具按钮，或者在主菜单中选择"Place"→"Line"命令，启动绘制直线命令。

（7）依次在工作区绘制如图 8-2-3 所示的线框，然后单击鼠标右键，结束直线的绘制。

（8）单击布置图元工具栏中的绘制任意角度圆弧工具按钮，或者在主菜单中选择"Place"→"Arc（Any Angle）"命令，启动绘制任意角度圆弧命令。

（9）绘制圆弧步骤如下：

① 首先将十字形光标移到圆弧的中心位置，确定圆心。

② 移动光标，圆弧线的半径随之改变，将光标移到合适位置，单击鼠标左键确定圆弧半径。

③ 移动光标到合适位置，单击鼠标左键确定圆弧线的起点。

④ 移动光标到合适位置，单击鼠标左键确定圆弧线的终点。

绘制的半圆弧如图 8-2-4 所示。

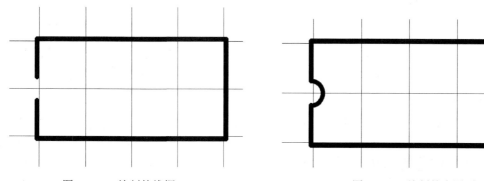

图 8-2-3 绘制的线框 　　　　　 图 8-2-4 绘制的半圆弧

（10）单击工作区下方的"Multi Layer"标签，将"Multi Layer"设置为当前编辑层。

（11）单击布置图元工具栏中的布置焊盘工具按钮，或者在主菜单中选择"Place"→

227

"Pad"命令，启动布置焊盘命令。

（12）按"Tab"键，打开如图 8-2-5 所示的"Pad"对话框。

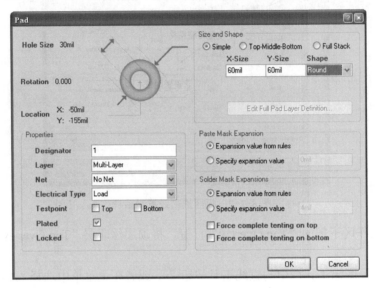

图 8-2-5 "Pad"对话框

（13）在如图 8-2-5 所示的"Pad"对话框中设置"Hole Size"为"35 mil"，在"Properties"区域内的"Designator"文本框中输入"1"，在"Size and Shape"区域内的"Shape"下拉列表中选择"Rectangle"项，然后单击"OK"按钮。

（14）在需要放置的点处单击鼠标左键，布置一个正方形的编号为"1"的焊盘。

（15）按"Tab"键，打开"Pad"对话框。在"Size and Shape"区域内的"Shape"下拉列表中选择"Round"项，单击"OK"按钮。

（16）按图 8-2-6 依次完成所有焊盘的放置。

（17）在主菜单中选择"Edit" → "Set Reference" → "Pin 1"命令，将该封装的第 1 号引脚设置为 PCB 元件封装的参考点。

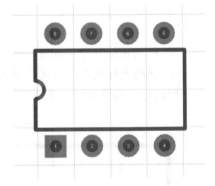

图 8-2-6 添加焊盘

（18）单击标准工具栏中的保存工具按钮，或在"Projects"面板中的"PcbLib1.PcbLib"文件名上单击鼠标右键，在弹出的菜单中选择"Save..."命令，保存该 PCB 元件封装库。

至此，就完成了手工定义 PCB 元件封装库的操作。

8.3 利用向导生成 PCB 元件封装

Protel DXP 2004 为用户提供了 PCB 元件封装向导，帮助用户完成焊盘较多的 PCB 元件封装的制作。本节将通过一个实例，介绍使用 PCB 元件封装向导生成 PCB 元件封装的步骤。

（1）启动 Protel DXP 2004，打开 8.2 节中生成的 PCB 元件封装库 "Pcb1.PcbLib" 文件。

（2）在主菜单中选择 "Tools" → "New Component" 命令，或者直接在 "PCB Library" 工作面板的 "Component" 列表中单击鼠标右键，在弹出的快捷菜单中选择 "Component Wizard..." 命令，打开如图 8-3-1 所示的 PCB 元件封装向导启动对话框。

图 8-3-1　PCB 元件封装向导启动对话框

（3）单击 "Next" 按钮，进入选择元件封装形式对话框，打开如图 8-3-2 所示的封装类型选择对话框。

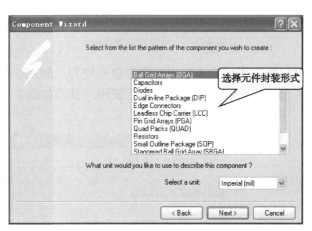

图 8-3-2　封装类型选择对话框

共有 12 种形式的元件封装：

① Ball Grid Arrays（BGA）：球栅阵列封装。

② Capacitors：电容封装。

③ Diodes：二极管封装。

④ Dual in-line Package（DIP）：双列直插式封装。

⑤ Edge Connectors：边连接式封装。

⑥ Leadless Chip Carrier（LCC）：无引线芯片载体封装。

⑦ Pin Grid Arrays（PGA）：针栅阵列封装。

⑧ Quad Packs（QUAD）：四边引出扁平封装。

⑨ Resistors：电阻封装。

⑩ Small Outline Package（SOP）：小尺寸封装。

⑪ Staggered Ball Grid Array（SBGA）：交错球栅阵列封装。

⑫ Staggered Pin Grid Array（SPGA）：交错针栅阵列封装。

（4）选中封装类型选择对话框中的"Pin Grid Arrays（PGA）"选项，在"Select a unit"下拉列表中选择"Imperial（mil）"，单击"Next"按钮，打开如图 8-3-3 所示的焊盘尺寸对话框。

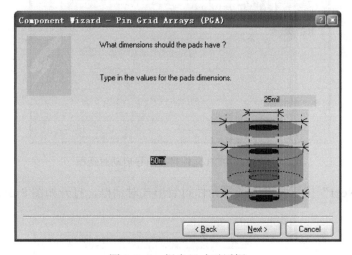

图 8-3-3　焊盘尺寸对话框

（5）在焊盘尺寸对话框左边的文本框中设置焊盘外径为"59.055 mil"，在上边的文本框内设置内径尺寸为"35.433 mil"，单击"Next"按钮，打开如图 8-3-4 所示的焊盘间距对话框。

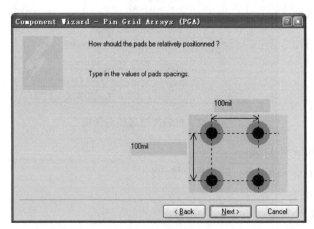

图 8-3-4　焊盘间距对话框

（6）在图 8-3-4 中接受默认间距，单击"Next"按钮，打开如图 8-3-5 所示的轮廓线宽度对话框。

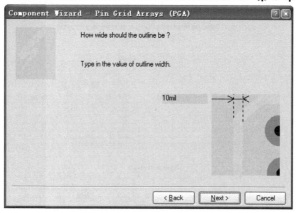

图 8-3-5　轮廓线宽度对话框

（7）在轮廓线宽度对话框的文本框内输入"8 mil"，设置轮廓线宽度为 8 mil，然后单击"Next"按钮，打开如图 8-3-6 所示的焊盘编号对话框。

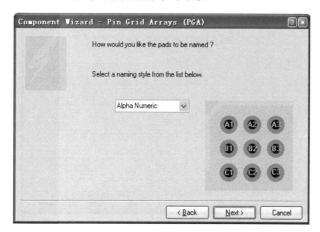

图 8-3-6　焊盘编号对话框

在焊盘编号对话框的编号类型选择下拉列表中提供了两个选项。

①"Number"项表示仅用数字对焊盘进行编号。

②"Alpha Numeric"项表示使用字母和数字组合对焊盘进行编号。

（8）在焊盘编号对话框中的编号类型选择下拉列表中选择"Alpha Numeric"项，使用字母和数字共同定义焊盘编号，然后单击"Next"按钮，打开如图 8-3-7 所示的焊盘布置对话框。

①"Rows and columns"数字文本框用于设置最外层每边布置焊盘的数量，即焊盘的行数或列数。

②"Cutout"数字文本框用于设置最内层每边布置焊盘的数量，即蓝色框内每边能布置的焊盘数。"Cutout"设置的数字一定要小于"Rows and columns"设置的数字，并且二者之差要为偶数。

③"Corner"数字文本框用于设置拐角处绿色边框内每边布置的焊盘数量。

④"Center"数字文本框用于设置最内层中间红色边框内布置的焊盘数量。

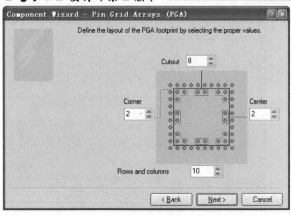

图 8-3-7　焊盘布置对话框

（9）在焊盘布置对话框中设置"Rows and columns"为"11"，"Cutout"为"7"，"Center"为"3"，"Corner"为"0"。单击"Next"按钮，打开如图 8-3-8 所示的元件名称对话框。

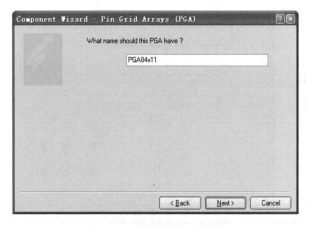

图 8-3-8　元件名称对话框

（10）在元件名称对话框的文本框中输入"PGA 28×28 P84"，作为 PCB 元件封装的名称，单击"Next"按钮，打开如图 8-3-9 所示的 PCB 元件封装向导结束对话框。

图 8-3-9　PCB 元件封装向导结束对话框

（11）单击 PCB 元件封装向导结束对话框中的"Finish"按钮，创建如图 8-3-10 所示的 PCB 元件封装。

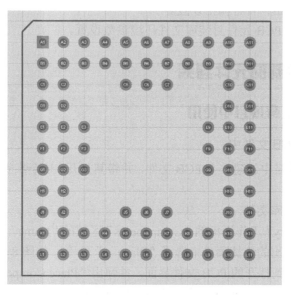

图 8-3-10　生成的 PCB 元件封装

（12）单击标准工具栏中的保存工具按钮 ，或在"Projects"面板中的"PcbLib1.PcbLib"文件名上单击鼠标右键，在弹出的快捷菜单中选择"Save…"命令，保存该 PCB 元件封装库。

8.4　PCB 元件封装库文件常用命令

下面介绍"Tools"菜单下的常用命令，单击"Tools"菜单显示如图 8-4-1 所示命令。

（1）New Component：建立新元件封装。

（2）Remove Component：删除元件封装。

（3）Component Properties：调出元件封装属性对话框，可修改封装名。

（4）Next Component：调到下一个封装符号画面。

（5）Prev Component：调到前一个封装符号画面。

（6）First Component：调到第一个封装符号画面。

（7）Last Component：调到最后一个封装符号画面。

（8）Update PCB With Current Footprint：用当前画面中的元件封装更新 PCB 文件中的同名封装。

（9）Update PCB With All Footprints：用该文件中所有封装更新 PCB 文件中的同名封装。

（10）Place Component：向 PCB 文件中放置元件封装。

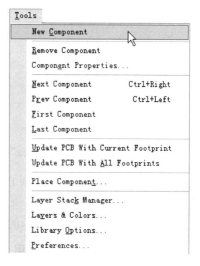

图 8-4-1　"Tools"菜单

（11）Layer Stack Manager：调出工作层栈管理器。

（12）Layers & Colors：工作层显示与颜色管理。

（13）Library Options：各种栅格设置。

（14）Preferences：PCB 元件封装库文件环境参数设置。

8.5　使用自己绘制的元件封装

8.5.1　在同一工程项目中使用

1．直接放置到 PCB 文件中

（1）在同一工程项目中新建一个 PCB 文件，并将其打开（这个步骤不能少，否则"Place"处于不可操作状态）。

（2）打开元件封装库文件。

（3）在"PCB Library"工作面板的"Components"区域的"Name"下的元件封装名 DIP-8 上单击鼠标右键，在弹出的快捷菜单中选择"Place…"命令，如图 8-5-1 所示。

（4）系统自动切换到打开的 PCB 文件界面，并弹出"Place Component（放置元件封装）"对话框。在该对话框的"Placement Type"区域中选择"Footprint（封装）"单选项，在"Component Details"区域的"Designator（元件标号）"文本框中输入标号，在"Comment（元件标注）"文本框中输入参数值，如图 8-5-2 所示。

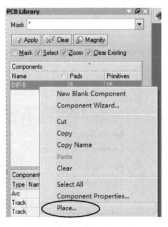

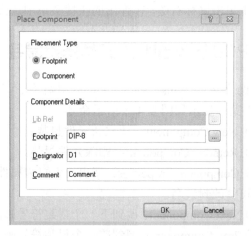

图 8-5-1　选择"Place"　　　　　　　　图 8-5-2　"Place Component"对话框

（5）单击"OK"按钮，则 DIP-8 元件封装符号附在十字形光标上并随光标移动，在适当位置单击鼠标左键即放置了一个 DIP-8 元件封装符号，此时仍可继续放置，单击鼠标右键，系统继续弹出如图 8-5-2 所示的对话框，单击对话框中的"Cancel"按钮，退出放置状态。

2．在自动布局过程中使用

（1）在同一工程项目中新建一个原理图文件，并绘制一个带有 SW DIP-4 （双列直插式旋转开关）芯片的电路。

（2）双击 SW DIP-4 符号，调出"Component Properties"对话框，如图 8-5-3 所示。

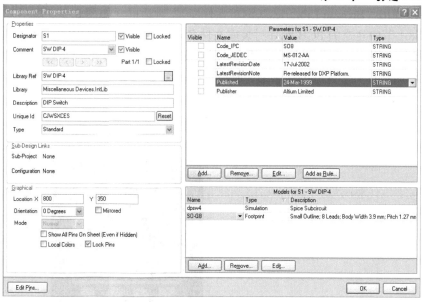

图 8-5-3　"Component Properties"对话框

（3）用鼠标左键单击对话框右下区域中的封装名"SO-G8"，然后单击"Edit…"按钮，系统弹出"PCB Model"对话框（如图 8-5-4 所示）。在该对话框的"PCB Library"区域中选择"Any"单选项，然后单击"Footprint Model"区域中的"Browse…"按钮。

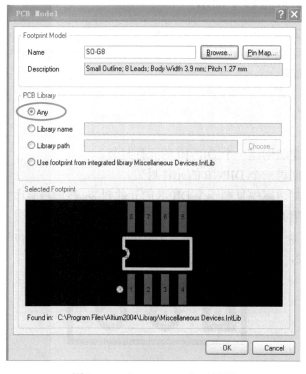

图 8-5-4　"PCB Model"对话框

（4）系统弹出"Browse Libraries（浏览元件库）"对话框（如图 8-5-5 所示），在该对话框中显示出 8.1 节中建立的 PCB 元件封装库文件名，单击封装名"DIP-8"，然后单击"OK"按钮，返回到"PCB Model"对话框，再单击"OK"按钮，返回到"Component Properties"对话框。此时对话框右下区域的封装名"SO-G8"已改为"DIP-8"，单击"OK"按钮关闭对话框即可。

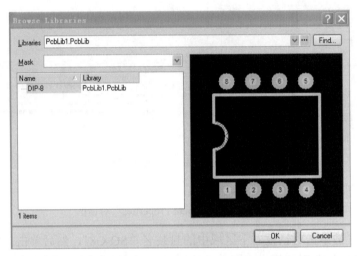

图 8-5-5 "Browse Libraries"对话框

8.5.2 在不同工程项目中使用

由于 Protel DXP 2004 SP2 中的文件在物理上都是单独存放在 Windows 路径下的，而在逻辑上可以隶属于不同工程项目，所以在其他工程项目中使用 PCB 元件封装库时，只需将其导入到该工程项目中即可。

练习题 8

8.1 试用手工创建法创建一个 DIP-10 的元件封装。

8.2 试用向导法创建一个 DIP-10 的元件封装。

8.3 试从已有的封装库中复制一个 DIP-8 的元件封装，然后将它改为 DIP-4 的元件封装。

8.4 创建可调电阻 Rp 的封装。

Rp 的封装如题图 8-1 所示；焊盘间距为 100 mil，焊盘直径为 62 mil，焊盘孔径为 35 mil，焊盘号分别为 1、3、2，1#焊盘设置为方形 Rectangle。

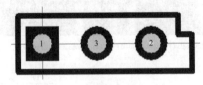

题图 8-1

8.5 创建二极管的封装: 实物及参数如题图 8-2 所示。

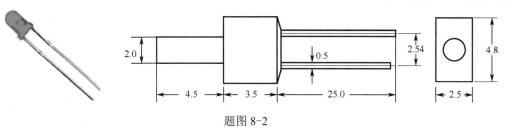

题图 8-2

8.6　创建按键开关的封装：实物及参数如题图 8-3 所示。

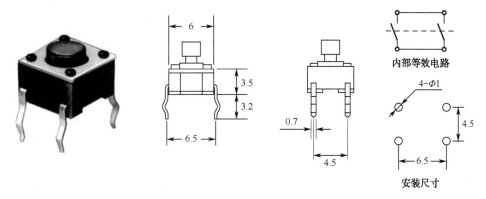

内部等效电路

安装尺寸

题图 8-3

8.7　调整三极管 9013 的封装引脚：实物及参数如题图 8-4 所示。

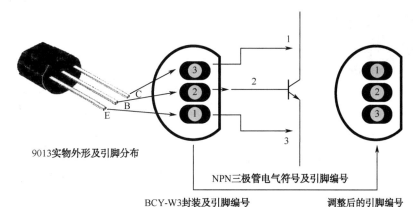

9013实物外形及引脚分布

NPN三极管电气符号及引脚编号

BCY-W3封装及引脚编号　　　　　调整后的引脚编号

题图 8-4

8.8　创建石英晶体 Y 的封装：实物及参数如题图 8-5 所示。

8.9　创建继电器的封装：实物及参数如题图 8-6 所示。

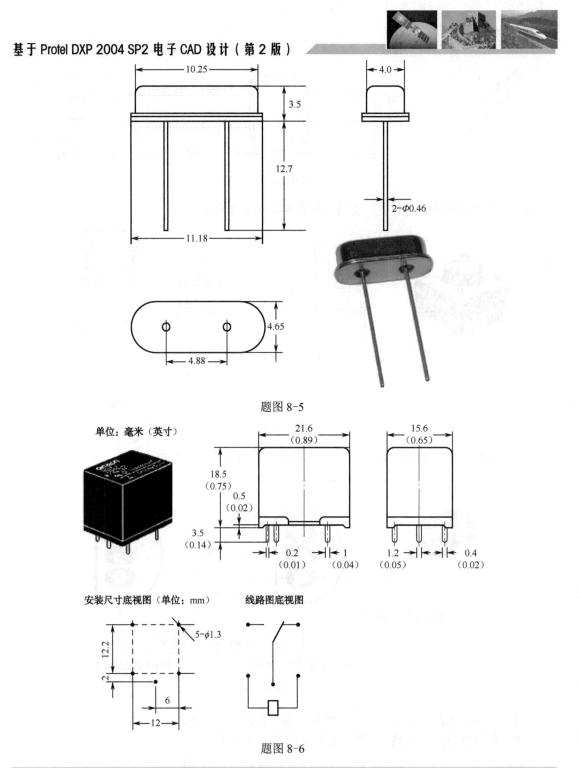

题图 8-5

单位：毫米（英寸）

安装尺寸底视图（单位：mm）　　　线路图底视图

题图 8-6

综合实训 1 放大整形电路的 PCB 设计

在实训图 1-1 放大整形电路原理图的基础上运用 PCB 编辑器自动布局、布线方法设计出 PCB 图，如实训图 1-2 所示，必须满足以下技术要求：

（1）双面板，板框尺寸为 3 000 mil×2 000 mil。

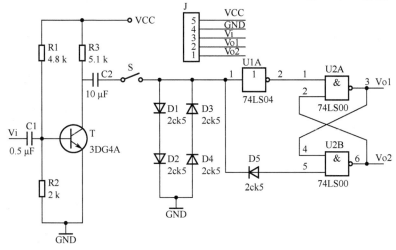

实训图 1-1

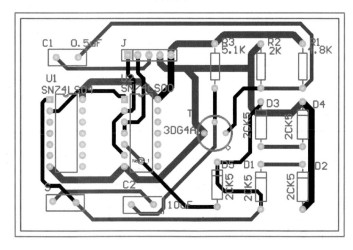

实训图 1-2

（2）采用插针式元件。

（3）镀铜过孔。

（4）焊盘之间允许走一根铜膜导线，且最小间距为 15 mil。

（5）最小铜膜导线宽度为 35 mil，电源/地线的铜膜导线宽度为 60 mil，导线拐角为 45°。

（6）对该 PCB 进行设计规则检查及后续优化处理。

综合实训 2　实用门铃电路的 PCB 设计

1. 建立一个新的封装库，取名为"自建 PCB 元件.lib"，在库中分别新建 C1、C3 电解电容封装图和 S1 按钮封装图。

2. 根据实训图 2-1 直接在 PCB 编辑器中用手工方法设计出实用门铃电路的 PCB 图，如实训图 2-2，其设计要求如下：

（1）单面印制电路板，手工设计板框尺寸为 2 500 mil×1 800 mil，四角预设安装孔，孔

径为 120 mil。

（2）手工放置元件封装并合理布局。

（3）手工放置铜膜导线，一般铜膜导线宽度为 20 mil，VCC、GND 网络导线宽度为 50 mil。

（4）输出 PCB 报表文件及相关 CAM 文件。

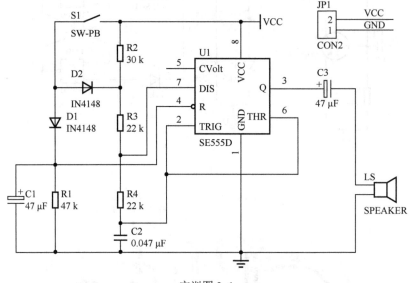

实训图 2-1

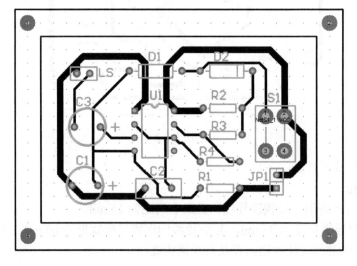

实训图 2-2

综合实训 3　计数译码电路的 PCB 设计

计数译码电路如实训图 3-1 所示，说明如实训表 3-1 所示，试设计该电路的电路板。设计要求：

（1）使用双层电路板。

（2）电源地线的铜膜线宽度为 25 mil。

（3）一般布线的宽度为 10 mil。

（4）人工放置元件封装，并排列元件封装。

（5）人工连接铜膜线。

（6）布线时考虑顶层和底层都走线，顶层走水平线，底层走垂直线。

（7）尽量不用过孔。

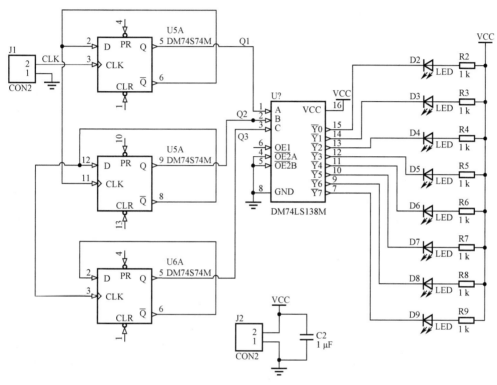

实训图 3-1

实训表 3-1

说　明	编　号	封　装	元件名称
3-8 线译码器	U4	DIP-16	DM74LS138M
双 D 触发器	U5A U5B U6C	DIP-14	DM74S74M
电阻	R2 R3 R4 R5 R6 R7 R8 R9	AXIAL-0.4	Res2
电容	C2	RAD-0.3	CAP
发光二极管	D2 D3 D4 D5 D6 D7 D8 D9	LED-1	LED1
连接器	J1 J2	HDR1X2H	Header 2H

附录 A　Protel DXP 元件库分类与说明

1．Protel DXP 元件库分类

元件的总库名	元件的分库名	中 文 名 称
Fairchild Semiconductor	FSC Discrete BJT.IntLib	三极管
	FSC Discrete Diode.IntLib	二极管
	FSC Discrete Rectifier.IntLib	IN 系列二极管
	FSC Logic Flip-Flop.IntLib	40 系列
	FSC Logic Latch.IntLib	74LS 系列
C-MAC MicroTechnology	C-MAC MicroTechnology	晶振
Dallas Semiconductor	DallasMicrocontroller 8-Bit.IntLib	存储器
International Rectifier	IR Discrete SCR.IntLib	可控硅
	IR Discrete Diode.IntLib	二极管
KEMET Electronics	KEMET. Chip. Capacitor..IntLib	粘贴式电容
Motorola	Motorola Discrete BJT.IntLib	三极管
	Motorola.Discrete.Diode.IntLib	1N 系列稳压管
	Motorola Discrete JFET.IntLib	场效应管
Motorola	Motorola.Discrete.MOSFET.IntLib	MOS 管
	Motorola Discrete SCR.IntLib	可控硅
	Motorola Discrete TRIAC.IntLib	双向可控硅
	Motorola.PowerManagementVoltage Regulator.IntLib	电源 LM 系列
National Semiconductor	NSC Audio Power Amplifier.IntLib	LM38、LM48 系列
	NSC Analog Timer Circuit.IntLib	LM555
	NSC Analog Timer Circuit.IntLib	三极管
	NSC Discrete Diode.IntLib	IN 系列二极管
	NSC Discrete Diode.IntLib	1N 系列稳压管
	NSC Logic Counter.IntLib	CD40 系列
	NSC Logic Counter.IntLib	74 系列
	NSC Power Mgt Voltage Regulator.IntLib	电源块子 78 系列
ON Semiconductor	ON Semi Logic Counter.IntLib	74 系列
	ON Semi Logic Counter.IntLib	晶振
Simulation	Simulation Sources.IntLib	信号源
	Simulation Voltage Source.IntLib	信号源
ST Microelectronics	ST Analog Timer Circuit.IntLib	LM555
	ST Discrete BJT.IntLib	2N 系列三极管

续表

元件的总库名	元件的分库名	中 文 名 称
ST Microelectronics	ST Operational Amplifier.IntLib	TL084 系列
	ST Logic Counter.IntLib	40、74 系列
	ST Logic Flip-Flop.IntLib	74 系列 4017
	ST Logic Switch.IntLib	4066 系列
	ST Logic Latch.IntLib	74 系列
	ST Logic Register.IntLib	40 系列
	ST Logic Special Function.IntLib	40 系列
	ST Power Mgt Voltage Reference.IntLib	TL、LM38 系列
	ST Power Mgt Voltage Regulator.IntLib	电源块子 78、LM317 系列
Teccor Electronics	Teccor Discrete TRIAC.IntLib	双向可控硅
	Teccor Discrete SCR.IntLib	可控硅
Texas Instruments	TI Analog Timer Circuit.IntLib	555 系列
	TI Converter Digital to Analog.IntLib	D/A 转换器
	TI Converter Analog to Digital.IntLib	A/D 转换器
	TI Logic Decoder Demux.IntLib	SN74LS138
	TI Logic Flip-Flop.IntLib	逻辑电路 74 系列
	TI Logic Gate 1.IntLib	逻辑电路 74 系列
	TI Logic Gate 2.IntLib	逻辑电路 74 系列
	TI Operational Amplifier.IntLib	TL 系列功放块

2．Protel DXP 元件库说明

1）"Fairchild Semiconductor" 仙童半导体库

FSC Discrete BJT.IntLib：三极管。

FSC Discrete Diode.IntLib：二极管。

FSC Discrete Rectifier.IntLib：IN 系列二极管。

FSC Logic Flip-Flop.IntLib：40 系列。

FSC Logic Latch.IntLib：74LS 系列。

C-MAC MicroTechnology：晶振。

2）"Dallas Semiconductor" 达拉斯半导体库

DallasMicrocontroller 8-Bit.IntLib：存储器。

IR Discrete SCR.IntLib：可控硅。

IR Discrete Diode.IntLib：二极管。

KEMET. Chip. Capacitor.IntLib：粘贴式电容。

3）"Motorola" 摩托罗拉半导体库

Motorola Discrete BJT.IntLib：三极管。

Motorola.Discrete.Diode.IntLib：1N 系列稳压管。

Motorola Discrete JFET.IntLib：场效应管。

Motorola.Discrete.MOSFET.IntLib：MOS 管。

Motorola Discrete SCR.IntLib：可控硅。

Motorola Discrete TRIAC.IntLib：双向可控硅。

Motorola.PowerManagementVoltage：电源 LM 系列。

4）"National Semiconductor" 国家半导体库

NSC Audio Power Amplifier.IntLib：LM38、48 系列。

NSC Analog Timer Circuit.IntLib：LM555。

NSC Analog Timer Circuit.IntLib：三极管。

NSC Discrete Diode.IntLib：IN 系列二极管。

NSC Discrete Diode.IntLib：IN 系列稳压管。

NSC Logic Counter.IntLib：CD40 系列。

NSC Logic Counter.IntLib：74 系列。

NSC Power Mgt Voltage Regulator.IntLib：电源块子 78 系列。

5）"ON Semiconductor" 安森美半导体库

ON Semi Logic Counter.IntLib：74 系列。

ON Semi Logic Counter.IntLib：晶振。

6）"Simulation" 仿真库

Simulation Sources.IntLib：信号源。

Simulation Voltage Source.IntLib：信号源。

7）"ST Microelectronics" 意法半导体库

ST Analog Timer Circuit.IntLib：LM555。

ST Discrete BJT.IntLib：2N 系列三极管。

ST Operational Amplifier.IntLib：TL084 系列。

ST Logic Counter.IntLib：40、74 系列。

ST Logic Flip-Flop.IntLib：74 系列 4017。

ST Logic Switch.IntLib：4066 系列。

ST Logic Latch.IntLib：74 系列。

ST Logic Register.IntLib：40 系列。

ST Logic Special Function.IntLib：40 系列。

ST Power Mgt Voltage Reference.IntLib：TL、LM38 系列。

ST Power Mgt Voltage Regulator.IntLib：电源块子 78、LM317 系列。

8）"Teccor Electronics" 泰科电子元件库

Teccor Discrete TRIAC.IntLib：双向可控硅。

Teccor Discrete SCR.IntLib：可控硅。

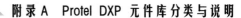

9）"Texas Instruments" 德州仪器

TI Analog Timer Circuit.IntLib：555 系列。

TI Converter Digital to Analog.IntLib：D/A 转换器。

TI Converter Analog to Digital.IntLib：A/D 转换器。

TI Logic Decoder Demux.IntLib：SN74LS138。

TI Logic Flip-Flop.IntLib：逻辑电路 74 系列。

TI Logic Gate 1.IntLib：逻辑电路 74 系列。

TI Logic Gate 2.IntLib：逻辑电路 74 系列。

TI Operational Amplifier.IntLib：TL 系列功放块。

附录 B 常用电子元件在 Protel DXP 2004 的封装

常用电子元件在 Protel DXP 2004 的封装如下，其他更多元件请采用查找方式或查阅更详细的软件手册。

电子元件	Protel DXP 2004 中的元件	
	元件名称	封装名称
Miscellaneous Devices.SchLib		
天线	Antenna	PIN1
电池	Battery	BAT-2
铃	Bell	PIN2
蜂鸣器	Buzzer	PIN2
非极性电容	Cap	RAD-0.1～0.5
极性电容	Cap Pol1～3	CAPPR2-5X6.8
二极管	Diode	DIODE-0.4/
共阳七段数码管	Dpy Red-CA	LEDDIP-10/C5.08
共阴七段数码管	Dpy Red-CC	LEDDIP-10/C5.08
熔断器	Fuse 1	PIN-W2/E2.8
跳线	Jumper	PIN2
灯	Lamp	PIN2
发光二极管	LED0～3	LED-0，LED-1
话筒头	Mic1	PIN2
直流电动机	Motor	RB5-10.5
伺服电动机	Motor Servo	RAD-0.4
步进电动机	Motor Step	SIP-6
NPN 三极管	NPN	BCY-W3
PNP 三极管	PNP	BCY-W3
电位器	RPOT	VR2-5
电阻	Res1～3	AXIAL-0.3～0.9
可控硅	SCR	SFM-T3/E10.7V
喇叭	Speaker	PIN2
多位开关	SW DIP-2～9	DIP-4～18
一位开关	SW-PB	SPST-2
变压器	Trans	TRF_4～5
晶振	XTAL	BCY-W2/D3.1
Miscellaneous Connectors.SchLib		
单排接插件	Header 2～30	HDR1X2～30

续表

电 子 元 件	Protel DXP 2004 中的元件	
	元 件 名 称	封 装 名 称
双排接插件	Header 2～30X2	HDR2X2～30
同轴电缆连接器	BNC	PIN1
9 针串口母座		
9 针串口公座		
TI Logic *** .IntLib		
74 系列芯片	74LSXX	DIP-XX
Motorola Amplifier operational Amplifier.IntLib		
运放	LM324\LM358	DIP-XX
NSC Power Mgt Voltage Regulator.IntLib		
电源芯片系列	LM78XX/79XX	TO-220
TI Analog Timer Circuit.IntLib		
555	LM555	DIP-8

附录 C   Protel DXP 2004 快捷键大全

Enter：选取或启动。

Esc：放弃或取消。

F1：启动在线帮助窗口。

Tab：启动浮动图件的属性窗口。

PGUP：放大窗口显示比例。

PGDN：缩小窗口显示比例。

End：刷新屏幕。

Del：删除点取的元件（1 个）。

Ctrl+Del：删除选取的元件（2 个或 2 个以上）。

X+A：取消所有被选取图件的选取状态。

X：将浮动图件左右翻转。

Y：将浮动图件上下翻转。

Space：将浮动图件旋转 90°。

Ctrl+Ins：将选取图件复制到编辑区里。

Shift+Ins：将剪贴板里的图件贴到编辑区里。

Shift+Del：将选取图件剪切放入剪贴板里。

Alt+Backspace：恢复前一次的操作。

Ctrl+Backspace：取消前一次的恢复。

Ctrl+g：跳转到指定的位置。

Ctrl+f：寻找指定的文字。

Alt+F4：关闭 Protel。

Space（空格键）：绘制导线、直线或总线时，改变走线模式。

V+D：缩放视图，以显示整张电路图。

V+F：缩放视图，以显示所有电路部件。

Home：以光标位置为中心，刷新屏幕。

Esc：终止当前正在进行的操作，返回待命状态。

Backspace：放置导线或多边形时，删除最末一个顶点。

Delete：放置导线或多边形时，删除最末一个顶点。

Ctrl+Tab：在打开的各个设计文件文档之间切换。

Alt+Tab：在打开的各个应用程序之间切换。

A：弹出"Edit"→"Align"子菜单。

B：弹出"View"→"Toolbars"子菜单。

E：弹出"Edit"菜单。

F：弹出"File"菜单。

H：弹出"Help"菜单。

J：弹出"Edit"→"Jump"菜单。

L：弹出"Edit"→"Set location makers"子菜单。

M：弹出"Edit"→"Move"子菜单。

O：弹出"Options"菜单。

P：弹出"Place"菜单。

R：弹出"Reports"菜单。

S：弹出"Edit"→"Select"子菜单。

T：弹出"Tools"菜单。

V：弹出"View"菜单。

W：弹出"Window"菜单。

X：弹出"Edit"→"Deselect"菜单。

Z：弹出"Zoom"菜单。

←：光标左移 1 个电气栅格。

Shift+←：光标左移 10 个电气栅格。

→：光标右移 1 个电气栅格。

Shift+→：光标右移 10 个电气栅格。

↑：光标上移 1 个电气栅格。

Shift+↑：光标上移 10 个电气栅格。

↓：光标下移 1 个电气栅格。

Shift+↓：光标下移 10 个电气栅格。

Ctrl+1：以零件原来的尺寸显示图纸。

Ctrl+2：以零件原来尺寸的 200%显示图纸。

Ctrl+4：以零件原来尺寸的 400%显示图纸。

Ctrl+5：以零件原来尺寸的 50%显示图纸。

Ctrl+F：查找指定字符。

Ctrl+G：查找替换字符。

F3：查找下一个匹配字符。

Shift+F4：将打开的所有文档窗口平铺显示。

Shift+F5：将打开的所有文档窗口层叠显示。

Shift+单左鼠：选定单个对象。

Ctrl+单左鼠，再释放 Ctrl：拖动单个对象。

Shift+Ctrl+左鼠：移动单个对象。

按 Ctrl 后移动或拖动：移动对象时，不受电气格点限制。

按 Alt 后移动或拖动：移动对象时，保持垂直方向。

按 Shift+Alt 后移动或拖动：移动对象时，保持水平方向。

1．设计浏览器快捷键

鼠标左击：选择鼠标位置的文档。

鼠标双击：编辑鼠标位置的文档。

鼠标右击：显示相关的弹出菜单。

Ctrl+F4：关闭当前文档。

Ctrl+Tab：循环切换所打开的文档。

Alt+F4：关闭设计浏览器 DXP。

2. 原理图和 PCB 通用快捷键

Shift：当自动平移时，快速平移。

Y：放置元件时，上下翻转。

X：放置元件时，左右翻转。

Shift+↑↓←→：箭头方向以 10 个网格为增量，移动光标。

↑↓←→：箭头方向以 1 个网格为增量，移动光标。

Spacebar：放弃屏幕刷新。

Esc：退出当前命令。

End：屏幕刷新。

Home：以光标为中心刷新屏幕。

PageDown，Ctrl+鼠标滚轮：以光标为中心缩小画面。

PageUp，Ctrl+鼠标滚轮：以光标为中心放大画面。

鼠标滚轮：上下移动画面。

Shift+鼠标滚轮：左右移动画面。

Ctrl+Z：撤销上一次操作。

Ctrl+Y：重复上一次操作。

Ctrl+A：选择全部。

Ctrl+S：保存当前文档。

Ctrl+C：复制。

Ctrl+X：剪切。

Ctrl+V：粘贴。

Ctrl+R：复制并重复粘贴选中的对象。

Delete：删除。

V+D：显示整个文档。

V+F：显示所有对象。

X+A：取消所有选中的对象。

单击并按住鼠标右键：显示滑动小手并移动画面。

单击鼠标左键：选择对象。

单击鼠标右键：显示弹出菜单，或取消当前命令。

右击鼠标并选择 Find Similar：选择相同对象。

单击鼠标左键并按住拖动：选择区域内部对象。

单击并按住鼠标左键：选择光标所在的对象并移动。

双击鼠标左键：编辑对象。

Shift+单击鼠标左键：选择或取消选择。

Tab：编辑正在放置对象的属性。

Shift+C：清除当前过滤的对象。

Shift+F：可选择与之相同的对象。

Y：弹出快速查询菜单。

F11：打开或关闭"Inspector"面板。

F12：打开或关闭"List"面板。

3. 原理图快捷键

Alt：在水平和垂直线上限制对象移动。

G：循环切换捕捉网格设置。

Space：放置对象时旋转90°。

Space：放置电线、总线、多边形线时激活开始/结束模式。

Shift+ Space：放置电线、总线、多边形线时切换放置模式。

Backspace：放置电线、总线、多边形线时删除最后一个拐角。

单击并按住鼠标左键+Delete：删除所选线的拐角。

单击并按住鼠标左键+Insert：在选中的线处增加拐角。

Ctrl+单击并拖动鼠标左键：拖动选中的对象。

4. PCB 快捷键

Shift+R：切换3种布线模式。

Shift+E：打开或关闭电气网格。

Ctrl+G：弹出捕获网格对话框。

G：弹出捕获网格菜单。

N：移动元件时隐藏网状线。

L：镜像元件到另一布局层。

Backspace：在布铜线时删除最后一个拐角。

Shift+Space：在布铜线时切换拐角模式。

Space：布铜线时改变开始/结束模式。

Shift+S：切换打开/关闭单层显示模式。

O+D+D+Enter：选择草图显示模式。

O+D+F+Enter：选择正常显示模式。

O+D：显示/隐藏"Prefences"对话框。

L：显示"Board Layers"对话框。

Ctrl+H：选择连接铜线。

Ctrl+Shift+Left-Click：打断线。

+：切换到下一层（数字键盘）。

-：切换到上一层（数字键盘）。

*：下一布线层（数字键盘）。

M+V：移动分割平面层顶点。

Alt：避开障碍物和忽略障碍物之间的切换。

Ctrl：布线时临时不显示电气网格。

Ctrl+M 或 R-M：测量距离。

Shift+Space：顺时针旋转移动的对象。

Space：逆时针旋转移动的对象。

Q：米制和英制之间的单位切换。

E-J-O：跳转到当前原点。

E-J-A：跳转到绝对原点。

Shift+Ctrl+B：将选定对象以下边缘为基准，底部对齐。

Shift+Ctrl+T：将选定对象以上边缘为基准，顶部对齐。

Shift+Ctrl+L：将选定对象以左边缘为基准，靠左对齐。

Shift+Ctrl+R：将选定对象以右边缘为基准，靠右对齐。

Shift+Ctrl+H：将选定对象以左右边缘的中心线为基准，水平居中排列。

Shift+Ctrl+V：将选定对象以上下边缘的中心线为基准，垂直居中排列。

附录 D　Protel DXP 2004 DRC 规则英文对照

1．Error Reporting 错误报告

1）Violations Associated with Buses：有关总线电气错误的各类型（共 12 项）

（1）Bus indices out of range：总线分支索引超出范围。

（2）Bus range syntax errors：总线范围的语法错误。

（3）Illegal bus range values：非法的总线范围值。

（4）Illegal bus definitions：定义的总线非法。

（5）Mismatched bus label ordering：总线分支网络标号错误排序。

（6）Mismatched bus/wire object on wire/bus：总线/导线错误的连接导线/总线。

（7）Mismatched bus widths：总线宽度错误。

（8）Mismatched bus section index ordering：总线范围值表达错误。

（9）Mismatched electrical types on bus：总线上错误的电气类型。

（10）Mismatched generics on bus （first index）：总线范围值的首位错误。

（11）Mismatched generics on bus （second index）：总线范围值的末位错误。

（12）Mixed generics and numeric bus labeling：总线命名规则错误。

2）Violations Associated Components 有关元件符号电气错误（共 20 项）

（1）Component Implementations with duplicate pins usage：元件引脚在原理图中被重复使用。

（2）Component Implementations with invalid pin mappings：元件引脚在应用中和 PCB 封装中的焊盘不符。

（3）Component Implementations with missing pins in sequence：元件引脚的序号出现序号丢失。

（4）Component containing duplicate sub-parts：元件中出现了重复的子部分。

（5）Component with duplicate Implementations：元件被重复使用。

（6）Component with duplicate pins：元件中有重复的引脚。

（7）Duplicate component models：一个元件被定义多种重复模型。

（8）Duplicate part designators：元件中出现标示号重复的部分。

（9）Errors in component model parameters：元件模型中出现错误的参数。

（10）Extra pin found in component display mode：多余的引脚在元件上显示。

（11）Mismatched hidden pin component：元件隐藏引脚的连接不匹配。

（12）Mismatched pin visibility：引脚的可视性不匹配。

（13）Missing component model parameters：元件模型参数丢失。

（14）Missing component models：元件模型丢失。

（15）Missing component models in model files：元件模型不能在模型文件中找到。

（16）Missing pin found in component display mode：不见的引脚在元件上显示。

（17）Models found in different model locations：元件模型在未知的路径中找到。

（18）Sheet symbol with duplicate entries：方框电路图中出现重复的端口。

（19）Un-designated parts requiring annotation：未标记的部分需要自动标号。

（20）Unused sub-part in component：元件中某个部分未使用。

3）Violations associated with document 相关的文档电气错误（共 10 项）

（1）Conflicting constraints：约束不一致。

（2）Duplicate sheet symbol name：层次原理图中使用了重复的方框电路图。

（3）Duplicate sheet numbers：重复的原理图图纸序号。

（4）Missing child sheet for sheet symbol：方框图没有对应的子电路图。

（5）Missing configuration target：缺少配置对象。

（6）Missing sub-project sheet for component：元件丢失子项目。

（7）Multiple configuration targets：无效的配置对象。

（8）Multiple top-level document：无效的顶层文件。

（9）Port not linked to parent sheet symbol：子原理图中的端口没有对应到总原理图上的端口。

（10）Sheet enter not linked to child sheet：方框电路图上的端口在对应子原理图中没有对应端口。

4）Violations associated with nets 有关网络电气错误（共 19 项）

（1）Adding hidden net to sheet：原理图中出现隐藏网络。

（2）Adding items from hidden net to net：在隐藏网络中添加对象到已有网络中。

（3）Auto-assigned ports to device pins：自动分配端口到设备引脚。

（4）Duplicate nets：原理图中出现重名的网络。

（5）Floating net labels：原理图中有悬空的网络标签。

（6）Global power-objects scope changes：全局的电源符号错误。

（7）Net parameters with no name：网络属性中缺少名称。

（8）Net parameters with no value：网络属性中缺少赋值。

（9）Nets containing floating input pins：网络包括悬空的输入引脚。

（10）Nets with multiple names：同一个网络被附加多个网络名。

（11）Nets with no driving source：网络中没有驱动。

（12）Nets with only one pin：网络只连接一个引脚。

（13）Nets with possible connection problems：网络可能有连接上的错误。

（14）Signals with multiple drivers：重复的驱动信号。

（15）Sheets containing duplicate ports：原理图中包含重复的端口。

（16）Signals with load：信号无负载。

（17）Signals with drivers：信号无驱动。

（18）Unconnected objects in net：网络中的元件出现未连接对象。

（19）Unconnected wires：原理图中有没连接的导线。

5）Violations associated with others 有关原理图的各种类型的错误（共 3 项）

（1）No Error：无错误。

（2）Object not completely within sheet boundaries：原理图中的对象超出了图纸边框。

（3）Off-grid object：原理图中的对象不在格点位置。

6）Violations associated with parameters 有关参数错误的各种类型（共 2 项）

（1）Same parameter containing different types：相同的参数出现在不同的模型中。

（2）Same parameter containing different values：相同的参数出现了不同的取值。

2. Comparator 规则比较

1）Differences associated with components 原理图和 PCB 上有关元件的不同（共 16 项）

（1）Changed channel class name：通道类名称变化。

（2）Changed component class name：元件类名称变化。

（3）Changed net class name：网络类名称变化。

（4）Changed room definitions：区域定义的变化。

（5）Changed Rule：设计规则的变化。

（6）Channel classes with extra members：通道类出现了多余的成员。

（7）Component classes with extra members：元件类出现了多余的成员。

（8）Difference component：元件出现不同的描述。

（9）Different designators：元件标示的改变。

（10）Different library references：出现不同的元件参考库。

（11）Different types：出现不同的标准。

（12）Different footprints：元件封装的改变。

（13）Extra channel classes：多余的通道类。

（14）Extra component classes：多余的元件类。

（15）Extra component：多余的元件。

（16）Extra room definitions：多余的区域定义。

2）Differences associated with nets 原理图和 PCB 上有关网络的不同（共 6 项）

（1）Changed net name：网络名称出现改变。

（2）Extra net classes：出现多余的网络类。

（3）Extra nets：出现多余的网络。

（4）Extra pins in nets：网络中出现多余的引脚。

（5）Extra rules：网络中出现多余的设计规则。

（6）Net class with Extra members：网络中出现多余的成员。

3）Differences associated with parameters 原理图和 PCB 上有关的参数不同（共 3 项）

（1）Changed parameter types：改变参数的类型。

（2）Changed parameter value：改变参数的取值。

（3）Object with extra parameter：对象出现多余的参数。

附录 E　计算机辅助设计高级绘图员技能鉴定试题 1（电子类 DXP 高级）

第一题　原理图模板制作

1．在 E 盘下新建一个以考生的准考证号为名的文件夹，然后新建一个以自己名字拼音命名的项目文件。例如，考生陈大勇的文件名为"CDY.PrjPCB"，然后在其内新建一个原理图设计文件，名为"mydot1.Schdoc"。

2．设置图纸大小为 A4，水平放置，工作区颜色为 18 号色，边框颜色为 3 号色。

3．绘制自定义标题栏如样图 1 所示。其中边框直线为小号直线，颜色为 3 号，文字大小为 16 磅，颜色为黑色，字体为仿宋_GB2312。

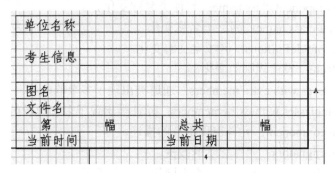

样图 1

第二题　原理图库操作

1．在考生的设计数据库文件中新建库文件，命名为"schlib1.lib"。

2．在 schlib1.lib 库文件中建立如样图 2 所示的带有子件的新元件，元件命名为"TIMER"，其中（a）、（b）为对应的两个子件样图。

3．在 schlib1.lib 库文件中建立如样图 3 所示的新元件，元件命名为"LED8"。

4．保存操作结果。

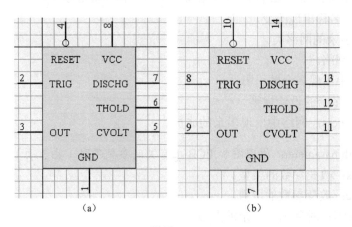

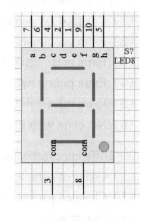

（a）　　　　　　　　　　（b）

样图 2　　　　　　　　　　　　　　样图 3

第三题 PCB 库操作

1. 在考生的设计数据库文件中新建 PCBLIB1.LIB 文件，按照样图 4 的要求创建元件封装，命名为"LCC22"。

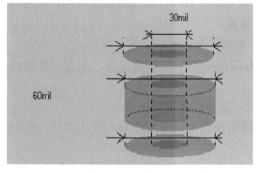
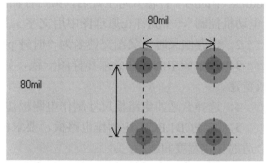
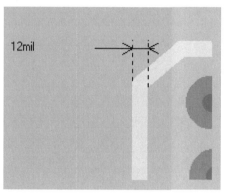
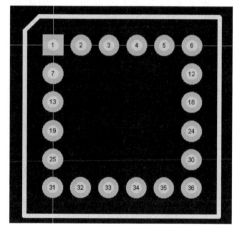

样图 4

2. 在 PCBLIB1.LIB 文件中继续新建一个数码管的元件封装，名称为 LED8。已知数码管的引脚直径为 20 mil，请选定合适的焊盘及过孔，按照样图 5 的要求创建元件封装，命名为"LED8"。

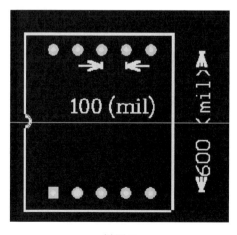

样图 5

第四题　PCB 操作

1．将如样图 6 所示的原理图改画成层次电路图，要求所有父图和子图均调用第一题所做的模板 "mydot1.Schdoc"，标题栏中各项内容均要从 organization 中输入或自动生成，在 address 中的第一行输入考生姓名，第二行输入身份证号码，第三行输入准考证号码，图名为 "电动机控制"，不允许在原理图中用文字工具直接放置。

2．保存结果时，父图文件名为 "时钟.prj"，子图文件名为模块名称。

3．抄画图中的元件必须和样图一致，如果和标准库中的不一致或没有，则要进行修改或新建。

4．选择合适的电路板尺寸制作电路板边，要求一定要选择国家标准。

5．在 PCB1.PCB 中制作电路板，要求根据电路给出的电流分配关系与电压大小，选择合适的导线宽度和线距。

6．要求选择合适的引脚封装，如果和标准库中的不一致或没有，则要进行修改或新建。

7．保存结果，修改文件名为 "时钟.PCB"。

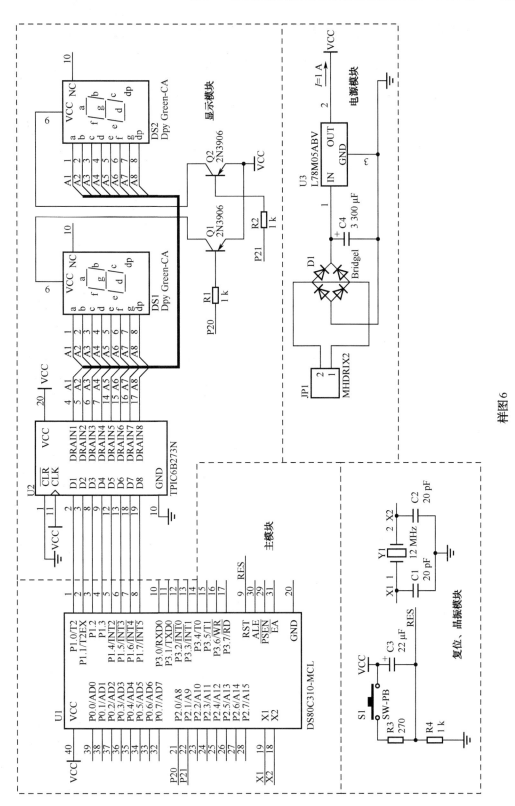

样图 6

附录 F　计算机辅助设计高级绘图员技能鉴定试题 2（电子类 DXP 高级）

第一题　原理图模板制作

1．在指定根目录 E 盘下新建一个以考生的准考证号为名的文件夹，然后在该目录中创建一个项目文件，文件名为"My Text.PrjPCB"。

2．在项目文件内新建一个原理图设计文件，以文件名"My Text 1.Schdoc"保存模板。

3．设置图纸大小为 A3，水平放置，工作区颜色为 9 号色，边框颜色为 2 号色。

4．绘制自定义标题栏如样图 1 所示。其中边框直线为小号直线，颜色为 5 号，文字大小为 18 磅，颜色为黑色，字体为仿宋_GB2312。

样图 1

第二题　原理图库操作

1．在考生的设计数据库文件中新建库文件，命名为"Schlib1.Schlib"。

2．在 Schlib1.Schlib 库文件中建立如样图 2 所示的带有子元件的新元件，元件命名为"74ALS000"，图中对应的为 4 个子元件样图，元件封装为 DIP14，其中第 7、14 脚接地和电源，网络名称为 GND 和 VCC。

3．在 Schlib1.Schlib 库文件中建立如样图 3 所示的新元件，元件命名为"BRIDGE"。

4．保存操作结果。

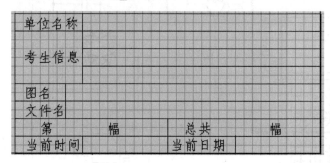

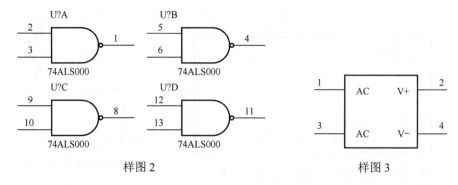

样图 2　　　　　　　　　　　　　　　　　　样图 3

第三题　PCB 库操作

1．在考生的设计数据库文件中新建 PCBLIB1.LIB 文件，按照样图 4（a）的要求创建元

件封装，生成结果为样图 4（b），命名为"LCC48"。

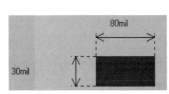
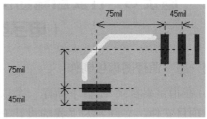

（a）

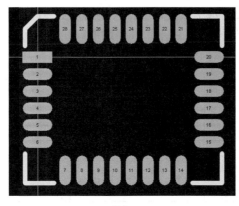

（b）

样图 4

2. 在 PCBLIB1.LIB 文件中继续新建第二题中整流桥的元件封装，名称也为"BRIDGE"。已知整流桥的引脚直径为 45 mil，请选定合适的焊盘及过孔，按照样图 5 的要求创建元件封装。

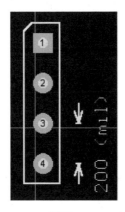

样图 5

附录 G　计算机辅助设计高级绘图员技能鉴定试题 3
（电子类 DXP 高级）

第一题　原理图模板制作

1．在指定根目录 E 盘下新建一个以考生的准考证号为名的文件夹，然后在该目录中创建一个项目文件，文件名为"我的设计.PrjPCB"。

2．在项目文件内新建一个原理图设计文件，以文件名"我的设计.Schdoc"保存模板。

3．设置图纸大小为 A2，水平放置，工作区颜色为 17 号色，边框颜色为 3 号色。

4．绘制自定义标题栏如样图 1 所示。其中边框直线为小号直线，颜色为 5 号，文字大小为 12 磅，颜色为红色，字体为黑体常规。

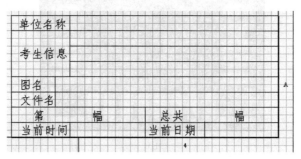

样图 1

第二题　原理图库操作

1．在考生的设计数据库文件中新建库文件，命名为"schlib1.lib"。

2．在 schlib1.lib 库文件中建立如样图 2 所示的带有子元件的新元件，元件命名为"74ALS000"，图中对应的为 4 个子元件样图，其中第 7、14 脚接地和电源，网络名称为 GND 和 VCC。

3．在 schlib1.lib 库文件中建立如样图 3 所示的新元件，元件命名为"P89LPC930"。

4．保存操作结果。

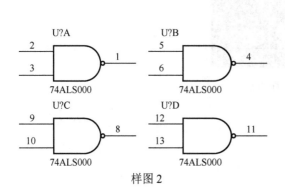

样图 2

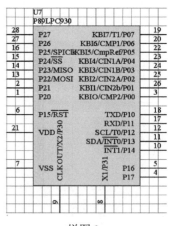

样图 3

第三题　PCB 库操作

1．建立一个新的库文件，按照样图 4 创建 DIP PCB 元件封装。

2．将操作结果保存在考生文件夹中，库文件命名为"X4-05.lib"，元件封装命名为"X4-05"。

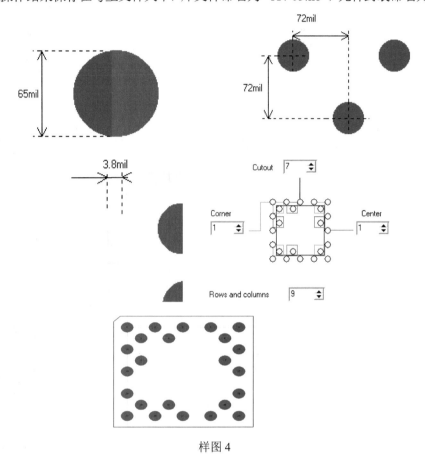

样图 4

第四题　PCB 操作

1．将如样图 5 所示的原理图改画成层次电路图，要求所有父图和子图均调用第一题所做的模板"我的设计.Schdoc"，标题栏中各项内容均要从 organization 中输入或自动生成，在 address 中的第一行输入考生姓名，第二行输入身份证号码，第三行输入准考证号码，图名为"demo"，不允许在原理图中用文字工具直接放置。

2．保存结果时，父图文件名为"demo.prj"，子图文件名为模块名称。

3．抄画图中的元件必须和样图一致，如果和标准库中的不一致或没有，则要进行修改或新建。

4．选择合适的电路板尺寸制作电路板边，要求一定要选择国家标准。

5．在 PCB1.PCB 中制作电路板，要求根据电路给出的电流分配关系与电压大小，选择合适的导线宽度和线距。

6．要求选择合适的引脚封装，如果和标准库中的不一致或没有，则要进行修改或新建。

7．将所建的库应用于对应的图中。

8．保存结果，修改文件名为"demo.PCB"。

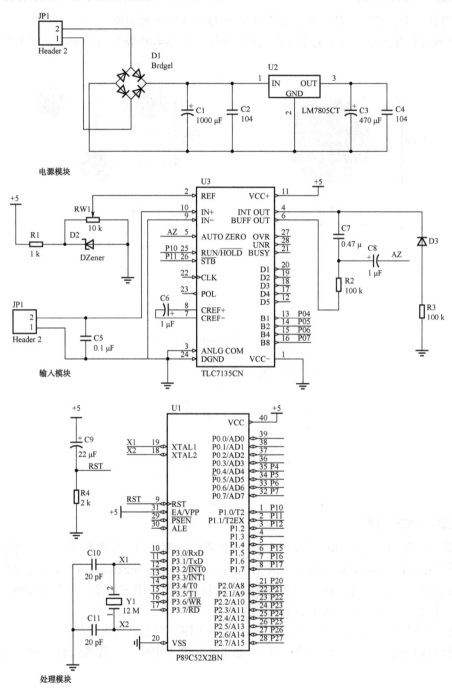

样图 5

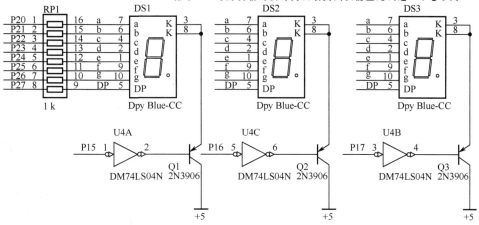

显示模块

样图 5（续）

参 考 文 献

[1] 及力. Protel DXP 2004 SP2 实用设计教程（第 2 版）. 北京：电子工业出版社，2013.

[2] 赵辉. Protel DXP 电路设计与应用教程. 北京：清华大学出版社，2011.

[3] 李小坚, 郝晓丽. Protel DXP 电路设计与制版实用教程（第 3 版）. 北京：人民邮电出版社，2015.